资助项目

福建省2011协同创新中心-中国乌龙茶产业协同创新中心专项

（闽教科〔2015〕75号）

福建省科技创新平台建设项目：大武夷茶产业技术研究院建设

（2018N2004）

南平市科技计划项目(N2017Y01)

武夷巖茶

张　渤

王　芳 ◎ 主编

复旦大学 出版社

序

　　碧水丹山之境的武夷山，是世界文化与自然遗产地，是国家公园体制试点区，产茶历史悠久，茶文化底蕴深厚。南北朝时即有"珍木灵芽"之记载，唐代有腊面贡茶，时人即有"晚甘侯"之誉。宋朝之北苑贡茶时期，武夷茶制作技术、文化、风俗盛极一时，茶文化与诗文化、禅文化充分渗透交融，斗茶之风更千古流传。站在元代御茶园的遗迹上，喊山台传来的"茶发芽"之声依稀犹在。明清时的武夷茶人不仅克绍箕裘，更发扬光大，创制出红茶与乌龙茶新品种，至今大红袍、正山小种等誉美天下。"臻山川精英秀气所钟，品具岩骨花香之胜。"梁章钜、汪士慎、袁枚等为武夷茶所折服，留下美妙的感悟。武夷山又是近代茶叶科学研究的重镇，民国时期即设立有福建示范茶厂、中国茶叶研究所。吴觉农、陈椽、庄晚芳、林馥泉、张天福等近代茶学大家均在此驻留，为中国茶叶科学研究做出不凡的成绩。

　　历史上，"武夷茶"曾是中国茶的代名词，武夷山是万里茶道的起点，武夷茶通过海路与陆路源源不断地输往海外，这一刻度，就是200年。域外通过武夷茶认识了中国，认识了福建，掀起了饮茶风潮，甚至改变了自己国家的生活方式，更不惜赞美之词。英国文学家杰罗姆·K.杰罗姆说："享受一杯茶之后，它就会对大脑说：'起来吧，该你一显身手了。你需口若悬河、思维缜密、明察秋毫；你需目光敏锐，洞察天地和人生；舒展白色的思维羽翼，如精灵般地翱翔于纷乱的世事之上，穿过长长的明亮的星光小径，直抵那永恒之门。'"

　　武夷茶路不仅是一条茶叶贸易之路，更是一条文化交流之路。一杯热茶

◇
序
◇
1

面前，不同肤色、不同种族、不同语言的人有了共同的话题。一条茶路，见证了大半个中国从封闭落后走向自强开放的历程，见证了中华民族在传统农业文明与近代工业文明之间的挣扎与转变。如今，虽说当年运茶的古渡早已失去踪迹，荒草侵蚀了古道，流沙淹没了时光，但前辈茶人不惧山高沟深、荒漠阻隔、盗匪出没，向生命极限发出挑战的勇气与信念，是当今茶人最该汲取的商业精神。

时光翻开了新的一页。2015年10月，习近平主席在白金汉宫的欢迎晚宴上致辞时以茶为例，谈中英文明交流互鉴："中国的茶叶为英国人的生活增添了诸多雅趣，英国人别具匠心地将其调制成英式红茶。中英文明交流互鉴不仅丰富了各自文明成果、促进了社会进步，也为人类社会发展作出了卓越贡献。"

如今，在"一带一路"倡议与生态文明建设的背景下，武夷茶又迎来了新的发展时代。"绿水青山就是金山银山"已然是中国发展的重要理念。茶产业是典型的美丽产业、健康产业，是"绿水青山就是金山银山"的最好注脚。我们不断丰富发展经济和保护生态之间的辩证关系，在实践中将"绿水青山就是金山银山"化为生动的现实。武夷山当地政府、高校、企业与茶人们为此做了不懈的努力，在茶园管理、茶树品种选育、制茶技艺传承与创新、茶叶品牌构建等方面不断探索，取得了辉煌的成就，让更多的武夷茶走进千家万户，走向市场、飘香世界。武夷茶也越来越受到人们的喜爱。外地游客来武夷山游山玩水之余，更愿意坐下来品一杯茶，氤氲在茶香之中。

由武夷学院茶与食品学院院长张渤牵头，中国乌龙茶产业协同创新中心中国乌龙茶"一带一路"文化构建与传播研究课题组编写了"武夷研茶"系列丛书——《武夷茶路》《武夷茶种》《武夷岩茶》《武夷红茶》。丛书自成一个完整的体系，不论是论述茶叶种质资源，还是阐述茶叶类别，皆文字严谨而不失生动，图文并茂。丛书不仅有助于武夷茶的科学普及，而且具有很强的实操性。编写团队依托武夷学院研究基础与力量，不仅做了细致的文献考究，还广泛深入田野、企业进行调研，力求为读者呈现出武夷茶的历史、发展与新貌。

"武夷研茶"丛书的出版为武夷茶的传播与发展提供了新的视野与诠释，是了解与研究武夷茶的全新力作。丛书兼顾科普与教学、理论与实践，既可以作为广大爱好者学习武夷茶的读本，也可以作为高职院校的研读教材。相信"武夷研茶"丛书能得到读者的认可与喜欢！

谨此为序。

杨江帆

2020 年 3 月于福州

目　录

第一章　武夷岩茶的概述 / 1

　　第一节　武夷岩茶的定义 / 4

　　第二节　武夷岩茶的品质特征 / 7

　　第三节　武夷岩茶的品类 / 12

第二章　武夷岩茶的加工 / 23

　　第一节　武夷岩茶的原料 / 26

　　第二节　武夷岩茶的初制 / 30

　　第三节　武夷岩茶的精制 / 51

　　第四节　武夷岩茶的包装与储藏 / 62

第三章　武夷岩茶的品鉴 / 67

　　第一节　武夷岩茶的专业审评 / 70

　　第二节　武夷岩茶的生活品饮 / 83

　　第三节　武夷岩茶游学设计与体验 / 101

第四章　武夷岩茶的茶艺 / 115

　　第一节　茶席与茶空间设计 / 118

　　第二节　武夷岩茶基础茶艺 / 134

　　第三节　武夷岩茶主题茶艺 / 143

第五章　武夷岩茶的保健功效 / 151

　　第一节　武夷岩茶的功能成分与功效 / 154

　　第二节　武夷岩茶保健功效研究实例 / 161

　　第三节　武夷岩茶衍生品的开发与应用 / 171

　　第四节　武夷岩茶的合理饮用 / 175

参考文献 / 180

后记 / 185

第一章 武夷岩茶的概述

· 武夷岩茶的定义

· 武夷岩茶的品质特征

· 武夷岩茶的品类

武夷山是中国十大名山之一，更是全球为数极少的"世界文化与自然双遗产"之地。钟灵毓秀的山水、得天独厚的气候条件为茶树生长提供了极为有利的环境，武夷山产茶历史悠久，茶叶产品质优且独特，深受历代爱茶人士的喜爱。武夷茶自唐代始闻名，徐夤在《谢尚书惠蜡面茶》一诗中赞誉了武夷茶，孙樵在《送茶与焦刑部书》中以"晚甘侯"尊称武夷茶，都给予武夷茶很高评价。宋代，随着北苑贡茶的兴起，武夷茶也兴起，进入斗茶之行列充作贡茶。元代，于九曲溪之四曲设御茶园，武夷茶从此单独大量入贡，贡茶历史长达255年。明太祖朱元璋颁布"废团茶，兴散茶"的诏令，由于主流茶品和制茶技艺的变革，武夷山茶产业一度衰落，直到明代中后期，引入当时先进的制茶技术松萝制法，武夷茶再度名扬四海。明末清初，红茶和乌龙茶起源于武夷山。

　　乌龙茶工艺发源于武夷山，武夷岩茶可谓是最早的乌龙茶，清代陆廷灿《续茶经》引录王草堂《茶说》：武夷茶，自谷雨采至立夏，谓之头春；约隔二旬复采，谓之二春；又隔又采，谓之三春。头春叶粗味浓，二春、三春叶渐细，味渐薄，且带苦矣。夏末秋初又采一次，名为秋露，香更浓，味亦佳，但为来年计，惜之不能多采耳。茶采后以竹筐匀铺，架于风日中，名曰晒青。俟其青色渐收，然后再加炒焙。阳羡岕片只蒸不炒，火焙以成。松萝、龙井皆炒而不焙，故其色纯。独武夷炒焙兼施，烹出之时半青半红，青者乃炒色，红者乃焙色。茶采而摊，摊而摝，香气发越即炒，过时不及皆不可。既炒既焙，复拣去其中老叶枝蒂，使之一色。从这段详细的记载中可知：在王草堂之时，这种工艺已相对成熟，这与现在的武夷岩茶制作工艺极其相似。乾隆帝、袁枚、梁章钜、释超全等人对武夷岩茶皆有很高评价。

　　中华人民共和国成立后，武夷岩茶重放异彩，多次在全国名茶评比赛中荣获一等奖。2002年3月，武夷岩茶被列为国家地理标志产品。2006年，武夷岩茶（大红袍）传统制作技艺作为全国唯一茶类被列入国家首批非物质文化遗产名录。

第一节　武夷岩茶的定义

　　林馥泉在《武夷茶叶之生产制造及运销》中说:"武夷本山所产之茶称为岩茶。"《地理标志产品 武夷岩茶》(GB/T18745—2006)中规定:武夷岩茶是指在福建省武夷山市所辖行政区域范围内(见图1-1),独特的武夷山自然生态环境条件下选用适宜的茶树品种进行无性繁育和栽培,并用独特的传统加工工艺制作而成,具有岩韵(岩骨花香)品质特征的乌龙茶。武夷岩茶的传统加工工艺于2006年被列为首批"国家级非物质文化遗产",工艺复杂而精湛,其流程为:鲜叶采摘→萎凋→做青→杀青→揉捻→烘干→毛茶归堆→毛拣→分筛与风选→复拣→烘焙→拼配→装箱→入库。

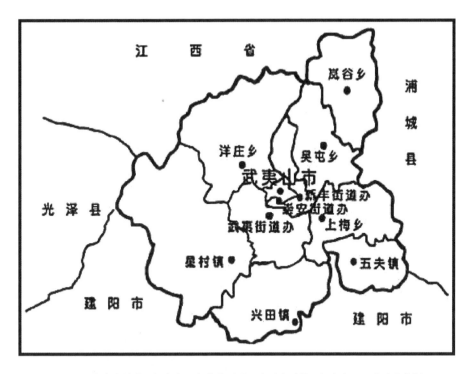

图 1-1　武夷岩茶地理标志产品保护范围（图片引自《地理标志产品　武夷岩茶》）

大红袍的含义

大红袍是家喻户晓的武夷山名茶，具有多层含义。

① 母树大红袍，特指九龙窠峭壁上的六株茶树，母树大红袍作为"主要自然景观"和"文化遗存与景观"之一，是武夷山"世界文化与自然遗产"的重要组成部分（见图 1-2）。从 2006 年起，政府下令停止对母树大红袍进行采摘，并派专业技术人员管理养护。

② 茶树品种名。大红袍原是一个名丛，2012 年 5 月通过了福建省农作物品种审定委员会的审定，正式成为省级茶树良种。

③ 纯种大红袍，是指用大红袍品种茶树鲜叶为原料做成的茶叶。

④ 大红袍在一定程度上是武夷岩茶的代称，由于大红袍的名气很大，很

多外地消费者只知大红袍，不知武夷岩茶，以大红袍之名宣传武夷岩茶更易被人接受。

⑤ 商品大红袍。名丛大红袍品质优异，但产量稀少，武夷山茶师们用武夷山其他优良品种拼配出可与大红袍媲美的茶，且受到市场欢迎，这就是商品大红袍。

图1-2　母树大红袍

第二节 武夷岩茶的品质特征

韩国作家文基营在《红茶帝国》中写道："如果将绿茶比作静态的、黑白的饮料，红茶就像油画一样，而乌龙茶则像是动态的水彩画。"乌龙茶是我国六大茶类之一，其工艺最繁复、香气最多样、滋味最富层次感。

武夷岩茶是乌龙茶的典型代表，具备乌龙茶的典型风格特征——"绿叶红镶边，浓郁花果香"。受武夷山碧水丹山的滋养，武夷岩茶还具有非常独特的岩韵，岩韵是岩茶的灵魂。近代著名茶师林馥泉高度概括了武夷岩茶的品质特征："武夷岩茶以山川精英秀气所钟，岩骨坑源所滋，品具泉洌花香之胜，其味甘泽而气馥郁。"

《地理标志产品 武夷岩茶》（GB/T18745—2006）中将武夷岩茶产品分为武夷大红袍、武夷水仙、武夷肉桂、武夷名丛、武夷奇种。郭雅玲教授将各品种的品质特点概括如下：武夷大红袍香气馥郁，有锐、浓长，幽、清远之感，杯底余香持久，滋味浓而醇厚、鲜滑回甘，岩韵明显（见表1-1）；武夷奇种香气清高细长，滋味清醇甘爽，喉韵较显（见表1-2）；武夷水仙香气浓郁清长，兰花香显，滋味浓厚、甘润清爽，喉韵明显（见表1-3）；武夷肉桂香气浓郁持久，以辛锐见长，有蜜桃香或桂皮香，滋味浓厚鲜爽、刺激性强、回甘快而持久，岩韵明显（见表1-4）；武夷名丛香气较锐、浓长或幽、清远，滋味醇厚、回甘快、杯底余香显，岩韵明显（见表1-5）。

表1-1　武夷大红袍产品感官品质

项目		级别		
		特级	一级	二级
外形	条索	紧结、壮实、稍扭曲	紧结、壮实	紧结、较壮实
	色泽	带宝色或油润	稍带宝色或油润	油润、红点明显
	整碎	匀整	匀整	较匀整
	净度	洁净	洁净	洁净
内质	香气	锐、浓长或幽、清远	浓长或幽、清远	幽长
	滋味	岩韵明显、醇厚、回味甘爽、杯底有余香	岩韵显、醇厚、回甘快、杯底有余香	岩韵明、较醇厚、回甘、杯底有余香
	汤色	清澈、艳丽，呈深橙黄色	较清澈、艳丽，呈深橙黄色	金黄清澈、明亮
	叶底	软亮匀齐、红边或带朱砂色	较软亮匀齐、红边或带朱砂色	较软亮、较匀齐、红边较显

表1-2　武夷奇种产品感官品质

项目		级别			
		特级	一级	二级	三级
外形	条索	紧结重实	结实	尚结实	尚壮实
	色泽	油润	油润	尚油润	尚润
	整碎	匀整	匀整	较匀整	尚匀整
	净度	洁净	洁净	较洁净	尚洁净
内质	香气	清高	清纯	尚浓	平正
	滋味	清醇甘爽、岩韵显	尚醇厚、岩韵明	尚醇正	欠醇
	汤色	金黄清澈	较金黄清澈	金黄稍深	橙黄稍深
	叶底	软亮匀齐、红边鲜艳	软亮较匀齐、红边明显	尚软亮匀整	欠匀稍亮

表 1-3　武夷水仙产品感官品质

项目		级别			
		特级	一级	二级	三级
外形	条索	壮结	壮结	壮实	尚壮实
	色泽	油润	尚油润	稍带褐色	褐色
	整碎	匀整	匀整	较匀整	尚匀整
	净度	洁净	洁净	较洁净	尚洁净
内质	香气	浓郁鲜锐、特征明显	清香特征显	尚清纯、特征尚显	特征稍显
	滋味	浓爽鲜锐、品种特征显露、岩韵明显	醇厚、品种特征显、岩韵明显	较醇厚、品种特征尚显、岩韵尚明	浓厚、具品种特征
	汤色	金黄清澈	金黄	橙黄稍深	深黄泛红
	叶底	肥厚软亮、红边鲜艳	肥厚软亮、红边明显	软亮、红边尚显	软亮、红边欠匀

表 1-4　武夷肉桂产品感官品质

项目		级别		
		特级	一级	二级
外形	条索	肥壮紧结、沉重	较肥壮结实、沉重	尚结实、卷曲、稍沉重
	色泽	油润、砂绿明、红点明显	油润、砂绿明、红点较明显	乌润、稍带褐红色或褐绿
	整碎	匀整	较匀整	尚匀整
	净度	洁净	较洁净	尚洁净
内质	香气	浓郁持久，似有乳香或蜜桃香或桂皮香	清高幽长	清香
	滋味	醇厚鲜爽、岩韵明显	醇厚尚鲜、岩韵明	醇和岩韵略显
	汤色	金黄清澈明亮	橙黄清澈	橙黄略深
	叶底	肥厚软亮、匀齐、红边明显	软亮匀齐、红边明显	红边欠匀

表1-5 武夷名丛产品感官品质

项目		要求
外形	条索	紧结、壮实
	色泽	带宝色或油润
	整碎	匀整
内质	香气	较锐、浓长或幽、清远
	滋味	岩韵明显、醇厚、回甘快、杯底有余香
	汤色	清澈、艳丽，呈深橙黄色
	叶底	软亮匀齐、红边或带朱砂色

知识链接

何谓岩韵

岩韵是武夷岩茶独特的生长环境、适宜的茶树品种、优良的栽培方法和传统的制作工艺等综合形成的香气和滋味，表现为香气芬芳馥郁、幽雅、持久、有力度，滋味啜之有骨、厚而醇、润滑甘爽，饮后有齿颊留香之感，是武夷岩茶独有的品质特征，也称"岩骨花香"。

众说岩韵

岩韵感觉起来既抽象又具体，对于岩韵，古往今来的知茶人均有独到见解。

乾隆皇帝对岩韵的理解："建城杂进土贡茶，一一有味须自领。就中武夷品最佳，气味清和兼骨鲠。"

清代著名才子袁枚对岩韵的理解："我震其名愈加意，细咽欲寻味外味。杯中已竭香未消，舌上徐停甘果至。叹息人间至味存，但教卤莽便失真。"

晚清名人梁章钜，游武夷时夜宿天游观，与道士静参品茶论茶，静参谓茶品有四等，一曰香，花香小种之类皆有之，今之品茶者，以此为无上妙谛矣。不知等而上之则曰清，香而不清，犹凡品也。再等而上之则曰甘。香而不甘则苦茗也。再等而上之，则曰活。甘而不活，亦不过好茶而已。活之一字，须从舌本辨之，微乎，微矣！然亦必瀹以山中之水，方能悟此消息。梁章钜由此将武夷岩茶特征概括为"香、清、甘、活"四字。

从上可以看出清代名士对岩韵的理解都注重在品饮岩茶时的感觉上，至近现代，大家对岩韵的理解除了描述岩茶的特征外，更探究了岩韵的来源。

曾任福建示范茶厂茶师的林馥泉在《武夷茶叶之生产制造及运销》中有几处写到岩韵，称武夷岩茶可谓以山川精英秀气所钟，岩骨坑源所滋，品具泉冽花香之胜，其味甘泽而气馥郁；还列举了当时善于品茶者常用的"山骨""嘴底""喉韵"等品茶术语。

张天福先生认为品种香显、水中香味融合、饮后有回味是岩韵的表现。

武夷学院张渤等人认为，岩韵是由岩茶特有的物质成分相互作用而形成的一种美好气质。岩韵在岩茶审评专业中以强弱区分。岩韵感官特征表现为：外香高雅悠长、内香沉水馥郁，茶汤醇厚回喉、连绵持久，啜饮后齿颊留香、回味甘爽，挂杯余香悠长，嗅之沁人心脾。

第三节　武夷岩茶的品类

　　诞生于明末清初的武夷岩茶，历经几百年的风风雨雨，在武夷山茶人的世代传承下，发展出了丰富的品类。武夷岩茶花色品类可分为大红袍、肉桂、水仙、奇种和名丛，还有小品种茶。

一、大红袍

　　大红袍包括纯种大红袍和商品大红袍，纯种大红袍（见图1-3）是用大红袍茶树上的茶青制作而成的茶叶，商品大红袍是用多个品种进行拼配而做出的茶叶。大红袍茶树出自武夷菜茶群体种，因品质优异被选育出来成为名丛，经科研攻关，获得繁育、栽培成功，于2012年经福建省农作物品种审定委员会审定通过，命名为大红袍茶树品种。现已大面积推广种植，昔日进贡皇家的绝品，如今进入寻常百姓家。大红袍具有芬芳馥郁的似桂花的香气，又似幽细的茶树花花粉香，滋味醇厚细腻，回味悠长。

图 1-3　纯种大红袍茶树叶片、干茶、茶汤及叶底

知识链接

拼　配

　　茶叶拼配是一项技术难度高的工艺措施，是指通过评茶师的感官经验和拼配技术把具有一定的共性而形质不一的产品，取长补短，或美其形，或匀其色，或提其香，或浓其味，拼合在一起的作业；对部分不符合拼配要求的茶叶，则通过筛、切、扇或复火等措施，使其符合要求，以达到货样相符的目的。茶叶拼配是一种常用的提高茶叶品质、稳定茶叶品质、扩大货源、增加数量、获取较高经济效益的方法。

二、肉桂

肉桂品种（见图1-4）也出自武夷菜茶群体种，起先因品质优异被选育出来成为名丛，取名玉桂。后来，玉桂因其优异而稳定的品质大受欢迎，开始大面积推广种植，于1985年被审定为福建省优良茶树品种，因其香气辛锐似桂皮香，定名为"肉桂"。20世纪80年代，肉桂茶多次代表武夷岩茶参加全国名优茶评比赛，荣获金奖。肉桂茶香高味浓，香型表现丰富，有桂皮香、蜜桃香、乳香、花香等，香气浓锐，滋味浓酽，刺激性较强，回甘也强。

图1-4 肉桂茶茶树叶片、干茶、茶汤及叶底

三、水仙

水仙和肉桂是武夷山产量较大的两种茶，两者风格迥异，有"醇不过水仙，香不过肉桂"之说。水仙品种（见图1-5）引自建阳，能很好地适应武夷山的气候，故品质表现优异。水仙茶香气鲜锐浓郁，似兰花香，滋味醇厚鲜爽，回味悠长。树龄在50年以上，没有经过修剪的水仙被称为"老丛水仙"，老丛水仙的风味与水仙截然不同，有特殊的丛味——石壁上青苔被阳光晒热后所散发出来的气息，有的丛味似木质香。正岩的老丛水仙滋味绵柔醇厚、韵味悠长，高山的老丛水仙滋味甘鲜醇爽。目前，树龄50年以上的水仙并不多，加上树势衰老，故老丛水仙产量低，在购买时应仔细辨别。

图1-5　水仙茶茶树叶片、干茶、茶汤及叶底

四、奇种

奇种（见图1-6）是用武夷菜茶群体种为原料制成的茶叶，品质风格清幽，香气具有馥郁清雅的花果香，滋味醇厚细腻。由于后期的茶园换种或新开茶园以种植无性系品种为主，故奇种产量不多，多以荒山野茶为原料制作而成。

图1-6　奇种茶干茶、茶汤及叶底

五、名丛

名丛出自武夷菜茶群体种，是武夷山世代茶农从菜茶中选育出来并根据其特点命名的特殊且优异的茶树，从名丛美丽的名字中就可窥见武夷山深厚的文化底蕴，如铁罗汉（见图1-7）、水金龟、白鸡冠、半天腰、不知春、玉井流香、不见天、瓜子金（见图1-8）、石乳、向天梅、胭脂柳、素心兰、百岁香、白瑞香等。名丛对山场要求高，很多名丛离开正岩山场后，其品质表现较为普通。

铁罗汉香气清细幽雅，滋味醇爽、厚重；水金龟香气高爽，似腊梅花香，滋味浓醇甘爽；白鸡冠（见图1-9）色显黄白，独具风格，具有较强观赏性，香气清鲜带淡雅花香，滋味鲜爽醇厚；半天腰香气馥郁似蜜香，滋味浓厚回甘。

图1-7　铁罗汉干茶、茶汤及叶底

图 1-8　瓜子金干茶、茶汤及叶底

图 1-9　白鸡冠干茶、茶汤及叶底

六、品种茶

小品种茶是指从外地引进的品种，在武夷山种植面积不大，以具体茶树品种来命名的产品，如梅占、奇兰、黄旦、佛手、黄观音、金观音、金牡丹、春兰、丹桂、九龙袍、瑞香、黄玫瑰等。每个品种都有自己独特的品种特征，都表现出高香，但香型各异。

（1）梅占：武夷山 20 世纪 60 年代从安溪引进的品种，香气浓郁，具有如兰似梅的独特花香，滋味醇厚细腻。树龄较大的梅占有悠悠的丛味（见图1-10）。

图 1-10　梅占干茶、茶汤及叶底

（2）黄观音：由福建省茶叶科学研究所选育，香高味醇，有独特花香，有种磨砂般的质感（见图 1-11）。

图 1-11　黄观音干茶、茶汤及叶底

（3）金观音：由福建省茶叶科学研究所选育，香气馥郁，品种香独特（带番薯味和花香），滋味醇厚（见图 1-12）。

图 1-12　金观音干茶、茶汤及叶底

（4）佛手：从闽南引进的品种，叶大而圆，成茶条索壮结重实，香气馥郁，清甜似雪梨香，滋味醇厚细腻（见图1-13）。

图1-13 佛手干茶、茶汤及叶底

（5）瑞香：由福建省茶叶科学研究所选育，成茶有鲜锐的果香，滋味醇厚（见图1-14）。

图1-14 瑞香干茶、茶汤及叶底

（6）金牡丹：由福建省茶叶科学研究所选育，花香鲜锐带甜香，滋味醇厚（见图1-15）。

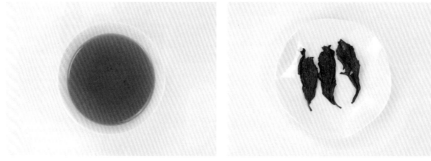

图1-15　金牡丹干茶、茶汤及叶底

本章图片均由武夷山香江茶业有限公司和石玉涛、刘宝顺等提供。

第二章 武夷岩茶的加工

· 武夷岩茶的原料

· 武夷岩茶的初制

· 武夷岩茶的精制

· 武夷岩茶的包装与储藏

武夷岩茶品质超群，在中国乃至世界茶叶史上都有极其重要的地位。武夷岩茶加工工艺历史悠久、技艺高超，从现有文献分析，武夷岩茶制作工艺很可能是最早的乌龙茶制作工艺，是制茶技艺的里程碑。它是武夷山先民集体智慧的结晶，用这种技艺制出的半发酵的岩茶，清香、味醇、性中和，品质优异。当代著名茶学家陈椽教授高度评价了武夷岩茶的工艺，他认为武夷岩茶的创制技术独一无二，为全世界最先进的技术，无与伦比，值得中国人民雄视世界（见图2-1）。2006年6月，武夷岩茶传统制作技艺被列入首批国家级非物质文化遗产名录。

　　武夷岩茶基本制作工艺为：鲜叶采摘→萎凋→做青→杀青→揉捻→烘干→毛茶归堆→毛拣→分筛与风选→复拣→烘焙→拼配→装箱→入库。

图2-1　陈椽教授评价武夷岩茶创制技术

第一节　武夷岩茶的原料

茶青质量是决定茶叶品质的重要因素，茶青质量主要由茶青的老嫩度、均匀度、新鲜度，以及茶树品种、栽培管理措施和采摘方式等因素决定。武夷岩茶采摘一年大多一次，多则两次，采春茶、冬茶或秋茶，正岩产区通常只采春茶。

一、采摘标准

武夷岩茶采摘，要求开面采三四叶。新梢芽叶全部开展形成驻芽，俗称"开面"。当新梢顶部第一叶与第二叶的比例小于1/3时即称小开面，介于1/3至2/3时称中开面，达2/3以上时称大开面。茶树新梢伸育两叶即开面者称对夹叶。

武夷岩茶要求的最佳采摘标准为中开面，中开面采摘，产量与质量均有保证。大开面采摘，则叶片粗老，制成茶叶条索粗松，梗、片多且制率低。小开面采摘，叶幼嫩，水分含量高，成茶香气不高，加工中易发生红变；原料太嫩，萎凋、做青过程容易形成"死红"，成茶香低味苦涩。

由于品种差异，武夷山茶人为了追求最佳采摘标准，又将中开面分为中

图 2-2　中小开面叶

小开面（新梢顶部第一叶与第二叶的比例在 1/3～1/2 时）（见图 2-2）、中大开面（新梢顶部第一叶与第二叶的比例在 1/2～2/3 时），如肉桂中小开面采最佳，水仙以中大开面采最佳。

知识链接

为何武夷岩茶要求"开面采"

武夷岩茶鲜叶要求"开面采"的主要原因如下：首先，要适应做青作业的要求，鲜叶太嫩则叶片纤维素少，角质层未成熟，在相互碰撞中容易折断，叶内细胞容易损伤，甚至全部变红，香低味苦有青涩气味，达不到武夷岩茶品质要求，太老的鲜叶做青也难以达到质量要求；其次，开面叶的有效成分增多，随叶片成熟，糖类、类胡萝卜素、黄酮醇类物质含量增加，苦涩的酯型儿茶素减少，非酯型儿茶素有所增加；最后，嫩梗中含有较多的氨基酸、糖类物质和香气物质，在做青过程中可转移到叶片中，为形成武夷岩茶高香、醇味、耐冲泡等品质特征准备物质基础。

二、采摘时间

每年采摘开始之日，俗称"开山"。开采期取决于当年的物候期、茶树品种、山场条件、茶园管理措施等因素。一般春茶于谷雨前开采，夏茶于夏至前后开采，秋茶于立秋开采。武夷山现有的主栽品种春茶采摘期在4月下旬至5月上旬。一天中，鲜叶采摘时间在露水干后开始，采到下午5点。采摘高档岩茶，以下午2点至4点最好。不采雨水叶、露水叶等。

鲜叶采摘后应做到"五分开"，即不同品种分开，早青、午青、晚青分开，粗叶、嫩叶分开，干湿茶青分开，不同山场分开，以利于采取不同的工艺措施提高毛茶品质。

三、采摘方式

武夷岩茶采摘有人工和机械两种方式。人工采摘鲜叶（见图2-3，图2-4），可较好地控制茶青质量，但成本高，通常适用于采制高档茶或茶园分散、地形复杂、树势不一致的情况。

机械采摘（见图2-5）省时省力、成本低、速度快、效率高，适宜大面积标准化管理的茶园使用，但茶青的质量难以保障，茶青中往往掺杂鸡爪枝和枯老枝。

图 2-3　武夷岩茶手工采摘

图 2-4　武夷岩茶手工采摘

图 2-5　武夷岩茶机械采摘

第二节　武夷岩茶的初制

武夷岩茶品质不仅与鲜叶原料有关，还与初制工艺的每一道工序密切相关，须根据每道工序的工艺要求，控制好制茶环境的温度、湿度等环境条件以适应茶叶的理化变化，从而提高武夷岩茶的品质。

武夷岩茶初制工艺主要包括萎凋、做青、杀青、揉捻、烘干五道工艺，初制结束获得毛茶。

一、萎凋

萎凋是指茶青失水、叶质变软的过程。萎凋的目的如下：蒸发一部分水分提高叶子韧性，便于后续工序进行；散失青草气，利于香气透露；促进酶的活化和叶内成分的化学反应，随着萎凋过程的进行，酶活性渐趋增强，特别是水解酶活性有较显著的增强，能促进叶内大分子不可溶性的物质降解转化，同时也有一定的氧化作用，致使青叶在萎凋阶段其可溶物有不同程度增多。萎凋可以为做青创造条件。

1. 萎凋标准

叶面光泽消失，叶色转暗绿色，发出微青草气，手持新梢基部，顶部第二叶下垂，而梗中水分尚充足，减重率在10%～15%为适度。鲜叶原料不同，其萎凋标准也不同，叶张肥厚的品种、采摘偏嫩的鲜叶萎凋宜重，反之，萎凋宜轻。如图2-6所示为武夷岩茶日光萎凋叶。

图2-6　武夷岩茶日光萎凋叶

2. 萎凋方式

有日光萎凋、加温萎凋和室内自然萎凋三种方式。生产上常采用前两种方式，晴天采用日光萎凋，傍晚青和雨青采用加温萎凋。一般武夷岩茶都要求采用日光萎凋，也叫"晒青"。它利用光能热量使鲜叶适度失水，促进酶的活化，这对形成乌龙茶的香气和去除青臭味起着重要的作用，也为摇青创造良好的条件。

3. 操作方法

（1）日光萎凋。将鲜叶均匀摊放于水筛（见图2-6）或晒青布上（见

图2-7），每筛摊鲜叶0.4 kg左右（每平方米摊叶0.5 kg），以叶片不相叠为宜。一般至叶态萎软、伏贴，鲜叶失去光泽，叶色转暗绿，叶背色泽特征明显突出，似"鱼肚白"，顶叶下垂，梗弯而不断，手握有弹性感，为适度。日光萎凋历时短，节省能源，且萎凋叶经过一系列光化学反应，质量最佳。晒青要求避免强光暴晒，一般不宜在中午强日照下曝晒，以免灼伤茶青。若茶青数量多，必须争抢时间晒青，则在强日照下收晒动作须十分快速、敏捷，稍加照晒即可，摊叶可稍厚（见图2-8）。

图 2-7　日光萎凋

图 2-8　日光萎凋

图 2-9　加温萎凋

（2）加温萎凋。阴雨天多用综合做青机萎凋和萎凋槽萎凋两种形式。加温萎凋历时长，萎凋叶质量不及日光萎凋叶。

① 综合做青机萎凋（见图 2-9）。生产上常用的综合做青机有 100 型和 110 型。综合做青机萎凋时，按做青机容量装入茶青，青叶装至综合做青机容量的 4/5 为宜。雨水叶应先吹冷风，待叶表水蒸发后，再吹热风萎凋，每隔 10～15 min 翻转几转以翻动萎凋叶，无水青叶历时 1.5～2.5 h，雨水叶历时 3～4 h。

②萎凋槽萎凋。一般每平方米摊叶 7～8 kg，每 30 min 翻拌一次，总历时 4～6 h。

二、做青工艺

做青工艺是摇青、静置多次反复交替的工艺过程，是形成岩茶绿叶红镶边、浓郁花果香等特有品质风格的关键程序。

1. 摇青与静置

（1）摇青（见图2-10）。摇青是一个使茶青发生跳动、旋转、摩擦运动的动态技术处理过程。摇青是动态形式，历经时间短，带有强制性的特征。在这一过程中，青叶内部组织结构受到一定的破坏，叶缘部分组织发生损伤。叶组织结构受到一定程度的破坏，增强了物质的渗透作用，使组织细胞液泡中丰富的内含物得以进入原生质中，与处在原生质中的各种转化酶混合，促进物质的酶促转化。

图2-10 武夷岩茶摇青工艺

（2）静置（见图2-11）。静置也叫"等青"。摇青后的青叶在静置发酵过程中，茶青内含物逐渐进行氧化和转化，并散发出自然的花果香，从而形成武夷岩茶滋味醇厚、香气浓郁、耐冲泡的品质特征。

图 2-11　武夷岩茶静置工艺

2. 做青的目的

做青是指通过摇青使青叶内部组织结构受到一定的破坏,叶缘部分组织发生损伤。在静置过程中,水分继续缓慢蒸发,各种物质转化的速度逐渐加快,青气散失,香气形成。摇青、静置相间交替进行,做青叶一系列的理化变化呈波浪起伏的变化态势。伴随发生"走水"作用,使梗脉中的内含物流向叶组织中。叶子在筛、转等机械力作用下,叶缘摩擦而破坏细胞,使茶汁外溢,促进多酚类化合物的酶促氧化,形成绿叶红镶边。同时,水分的蒸发和运转有利于香气、滋味的发展。

3. 做青环境条件

做青室保持室温 20～30℃、相对湿度 70%～80% 为宜,若室温低于 20℃,需要加温,但室温一般不超过 30℃。此外,做青过程中应注意适度通风,保持做青间空气新鲜,有利于提高做青叶品质。

4. 做青方式

生产上主要有手工做青和综合做青机做青两种方式，也有将二者结合起来的半手工做青方式。

（1）手工做青（见图 2-12）。传统制法采用手工做青，现在少量高级武夷岩茶生产时仍使用手工做青。具体做法如下：将 0.5～1 kg 萎凋叶置于水筛上，用两手握住水筛边缘，有节奏地进行回转与上下转动，使叶子在筛上作圆周旋转与上下翻动，促使梗脉内的水分向叶片输送，同时叶与筛面、叶与叶之间相互碰撞摩擦，擦破部分叶缘细胞。摇青与静置交替 5～7 次，摇青要求先轻后重，静置时间逐次加长，摊叶厚度逐次增加。

图 2-12　武夷岩茶手工做青

（2）综合做青机做青（见图 2-13）。综合做青机每筒投叶控制在做青机容量的 4/5 左右，以 110 型综合做青机为例，一般投叶 150～200 kg。做青按吹风→摇动→静置的程序重复进行 6～8 次，历时 8～10 h。吹风时间逐次缩短，摇动和静置时间逐次增长，直至做青达到适度标准时结束做青程序。做青过程技术参数如表 2-1 所示。

图 2-13　武夷岩茶机械做青

图 2-14　武夷岩茶看青做青

表2-1　武夷岩茶（大红袍品种）做青过程技术参数　　　　　单位：min

做青	第一次	第二次	第三次	第四次	第五次	第六次	第七次	第八次
吹风时间	50	45	30	15	10	8	5	3
摇青时间	1	2	3～3.5	5～6	10～15	18～20	20～30	30～35
静置时间	30	35	40	45	50	55	60	60

数据来源：武夷山慢亭茶叶研究所。

5. 做青原则

为达到良好的做青效果，做青时的技术参数需依据青叶状态和天气进行调整，即"看青做青"（见图2-14）和"看天做青"。

（1）"看青做青"是指针对青叶的物理性征和化学特性而采取与之相适应的一种做青技术，具体如下。

① 看原料含水量做青：含水量高的雨露水青和萎凋程度轻的茶青，宜薄摊多晾；反之，则宜厚摊少晾。

② 看采摘嫩度做青：嫩叶的水分含量相对偏高，叶组织柔嫩，宜轻摇、薄摊、多晾，以防止过度损伤和适当促进失水；老叶的纤维化、角质化程度高，水分含量相对较低，宜重摇、厚摊、少晾，以提高叶温，促进发酵和防止水分散失过多。

③ 看品种做青：对于水仙、梅占等梗粗壮、节间长、含水量偏高、容易发酵的品种，做青时宜轻摇、薄摊多晾，即各次摇青历时短、程度轻，静置薄摊，静置时间较长，以利失水；对于奇兰等叶张薄、梗细小、含水量偏低的品种，静置时可适当厚摊短晾，以防止失水过速。

（2）"看天做青"是指根据各季节不同的气候、不同的温湿度、空气流通度（风速），灵活掌握做青技术。

春茶季节：多具有温度偏低、湿度偏大的气候特点，青叶不容易失水和发酵，做青前期宜轻摇，并适当增加摇次，结合薄摊多晾，促进走水；做青后期，宜适当重摇结合厚摊，促进发酵。

秋冬季节：茶青含水量一般偏低，叶张偏薄，宜厚摊短晾，防止失水过快。

6. 做青适度标准

叶脉透明，叶面黄亮，叶缘朱砂红显现，带有三红七绿的特色；叶缘向背卷，呈现龟背形；花香显，手握茶叶发出沙沙响时即为适度（见图2-15）。

图 2-15　武夷岩茶做青适度叶

7. 做青过程中的理化变化

（1）水分。做青过程中，水分含量渐趋减少，但失水也较少，是行水过程，以水分的变化调控内含物质的变化。掌握和控制好水分的变化，是武夷岩茶制茶过程中的一项关键措施。

（2）多酚类及其他物质。在做青条件下，青叶内含物发生了以水解、氧化为主要特征的生物化学转化。因多酚类物质氧化－还原的化学效应，伴随发生的蛋白质、脂类、原果胶、多糖等大分子物质的降解，形成了氨基酸、醇、酸、单糖等，增加可溶物含量，造就了武夷岩茶特有的醇厚、甘爽的品质特征。

（3）香气。做青阶段，随着萎凋时间的推移，叶组织细胞严密的整体结构趋于解体，许多结合态的芳香成分变成游离态，容易向外扩散挥发。率先挥发的多为具有青臭气的低沸点的组分，因此萎凋阶段青叶多显示有强烈的青臭气特征。同时萎凋阶段由于物质的转化作用，也会部分地形成新的芳香成分。低沸点青臭气成分挥发除去，留下高沸点组分的比例越来越大，香气发生了青臭—清香—花果香的转化，形成了武夷岩茶特有的花果香的品质特征。做青过程香气和叶态的变化如表2-2所示。

表2-2　武夷岩茶（大红袍品种）做青过程香气与叶态变化

做青	第一次	第二次	第三次	第四次	第五次	第六次	第七次	第八次
香气	青气较重稍带清香	青气减轻清香较浓	青气消退清香浓	清香退淡带清花香	清香消退清花香渐浓	花香渐浓带花果香	花果香渐浓带果香	果香浓微带花香
叶色	叶面绿色	叶面绿色褪淡	绿色褪淡锯齿起红叶缘泛黄	叶面暗绿黄叶缘起金黄色	叶面绿黄叶缘淡红点扩大、转深	叶面绿黄叶缘朱砂红鲜明	叶面绿黄叶缘朱砂红明显	叶面绿黄叶缘朱砂红红艳

数据来源：武夷山慢亭茶叶研究所。

三、杀青工艺

做青结束后进入杀青工艺，杀青是固定做青叶已形成的品质特征的程序，目的如下：利用高温破坏酶的活性，抑制多酚类化合物氧化；进一步挥发青气，发展香气；蒸发水分，使叶质变软，便于揉捻。

1. 杀青方式

杀青方式有机械杀青和手工杀青两种，目前以机械杀青为主。手工杀青和机械杀青技术要点如下。

（1）手工杀青（见图2-16）。手工杀青一般是在倾斜的灶台上放置直径60～90 cm的铁锅，用柴火加温，投叶量0.75～1 kg，历时5 min左右。手工杀青分两次进行，初炒锅温一般控制在200～230℃，复炒锅温控制在160～180℃，初炒和复炒均采用手工翻动。

图2-16　武夷岩茶手工杀青

（2）机械杀青（见图2-17）。大规模生产主要采用110型滚筒杀青机，锅温一般控制在280～320℃，投叶量35～45 kg左右，历时8～10 min。

2. 杀青适度标准

叶态干软，叶张边缘起白泡状，手揉紧后无水溢出且呈黏手感，青气去尽呈清香味即可。

图 2-17　武夷岩茶机械杀青

四、揉捻工艺

　　揉捻是形成武夷岩茶干茶外形和提高茶叶制率的重要工艺，其目的是在做青的基础上进一步破坏叶细胞，使茶汁外渗，黏附于叶表，有利于冲泡时内含物的浸出，并将叶片揉捻成条，从而形成岩茶的壮结外形。

1. 揉捻方式

揉捻方式分为手工揉捻和机械揉捻两种。

（1）手工揉捻（见图 2-18）。将杀青叶放置在篾制揉匾上，用人工揉至茶条紧卷，茶汁溢出为适度。一般分两次进行，手工杀青初炒后进行初揉，复炒后进行复揉。

（2）机械揉捻（见图 2-19）。目前武夷岩茶在大批量生产时，一般采用机械揉捻的方式。常用的揉捻机有 45 型、50 型、55 型等乌龙茶专用揉茶机，

图2-18 武夷岩茶手工揉捻

图2-19 武夷岩茶机械揉捻

其棱骨比绿茶揉捻机更高。机械揉捻省工、省时,揉捻效果好,茶叶成条率高,茶汤碎末较人工揉捻减少很多,更有利于成茶品质。

2. 操作要点

揉捻须热揉,装茶量须达揉捻机盛茶桶高 1/2 以上至满桶;揉捻过程中掌握先轻压后逐渐加重压的原则,中途须减压 1～2 次,以利桶内茶叶的自动翻拌和整形。全程需要 8～12 min,揉至叶细胞破坏,茶汁流出,叶片卷成条索,即为适度。

五、烘干工艺

烘干是利用高温使茶叶快速失去水分的过程(见图 2-20)。主要作用如下:使揉捻叶中的水分不断蒸发,紧结外形;固定烘焙之前形成的色、香、味、形等各项品质特点;在干热的作用下,使叶中的有效成分进行转化,提高岩茶滋味的甘醇度,增进汤色,发展茶香。

1. 烘干温度

烘干机烘干分毛火与足火两道工序。毛火温度 130～150℃,摊叶厚度 2～3 cm,历时 8～12 min,掌握高温、快速的原则,烘至茶叶微带刺手感,不加簸拣,经过 4～8 h 摊晾,进行复烘。复烘的温度为 120～140℃,摊叶厚度以 2～3 cm 为宜,历时 15～18 min,烘至茶叶色泽青褐油润、含水量控制在 6%～7% 为宜。

2. 操作要点

梗叶粗大、肥厚、含水量高的品种,烘温可稍高;节间短、叶质薄、含水量低的品种,烘温可适当降低,烘时可适当缩短。另外,毛茶烘干后不可长久摊放,一般冷却接近室温时即装袋进库。

武夷岩茶毛茶的色泽、条索、香气、滋味等品质特征,在一定程度上反映了初制工艺的精细程度,初制工序中所有存在的问题在毛茶上都能得到体现,毛茶审评可为接下来的精制工序提供依据(见图 2-21)。

图 2-20 武夷岩茶烘干机干燥工艺图

图 2-21 武夷岩茶毛茶

武夷岩茶初制过程中叶态变化

1. 鲜叶 叶色翠绿，叶张硬挺	2. 萎凋叶 叶面光泽消失，叶色转为暗绿色，顶二叶垂软	3. 一摇叶 叶面绿色，青气较重	4. 三摇叶 绿色褪淡，锯齿起红，叶缘泛黄	5. 五摇叶 叶面黄绿，叶缘淡红点扩大、转深
6. 摇青标准叶 叶面绿黄，叶缘朱砂红红艳，花果香渐浓	7. 杀青叶 叶色暗黄绿色，叶态干软，叶张边缘起白泡，青气退，清香显	8. 揉捻叶 茶汁部分外溢，紧直成条达80%以上	9. 初烘叶 色泽绿褐，手握有刺手感	10. 毛茶 色泽乌褐，叶捻可成末，梗一折即断

武夷大红袍初制过程中香型与香气成分的变化规律

　　武夷学院茶学团队以武夷大红袍为原料，按武夷岩茶加工工艺进行加工制作，用顶空固相微萃取／气相色谱－质谱联用技术分析加工过程在制叶的香气成分，揭示武夷岩茶初制过程中主导香型形成的香气成分变化规律，结果如下。

一、香型的变化规律

大红袍的香气类型在初制过程中变化明显，从最初的以青气为主，逐渐转变为清香，后又转变为花香和花果香。从表2-3可知：做青过程中，做青前期（一摇一晾到三摇三晾），青气逐渐减退，而清香渐浓；做青中期（四摇四晾到六摇六晾），花香出现并渐浓，开始出现果香；做青后期（七摇七晾到八摇八晾），花果香浓郁，大红袍的品种特征也逐渐显露出来。

表2-3 武夷大红袍初制过程中的香型表现

在制品	香型
鲜叶（XY）	青气明显，带清香
萎凋叶（WDY）	清香显，有青气，略有花香
一摇一晾（ZQ-1）	青气显，有清香
二摇二晾（ZQ-2）	清香较浓，有青气
三摇三晾（ZQ-3）	清香浓，略有青气
四摇四晾（ZQ-4）	清花香，清香
五摇五晾（ZQ-5）	清花香浓
六摇六晾（ZQ-6）	花香较浓，带果香
七摇七晾（ZQ-7）	花果香浓，有品种特征
八摇八晾（ZQ-8）	花果香浓，品种特征较显
炒青叶（SQY）	花果香浓，带炒香，品种特征较显
揉捻叶（RNY）	花果香浓，品种特征较显
毛茶（MT）	花香馥郁，带果香，品种特征显

二、香气组分的变化规律

武夷大红袍鲜叶、在制叶和毛茶中均含有烷烃类、烯烃类、醇类、醛类、酮类、酯类及其他香气物质，其中烷烃类、烯烃类、醇类和酯类化合物是含量较高的香气组分，这些组分在武夷大红袍初制过程中均发生了明显变化。

香气物质的总峰面积在初制过程中尽管呈波动变化，但总体表现为上升趋势，毛茶是鲜叶的1.87倍。在制叶香气物质总量在做青过程中并非持续增加，而是呈现出降—升—降的变化，可能是做青前期具有青气的物质大量挥发，而具有清香的物质转化形成速度较慢，至做青中期具有花果香的香气物质不断生成，随着香气物质的挥发，香气物质总量在做青后期有所降低。在制叶的香气组分在初制过程中也发生了明显变化，醇类组分、酯类组分和烯烃类组分均呈现出明显的增加趋势，醛类组分和酮类组分基本呈下降趋势，烷烃类组分呈现出波动变化趋势。与鲜叶相比，醇类、酯类和烯烃类组分在做青叶（ZQ-8）中分别增加了169.0%、40.0%、573.9%，在炒青叶中分别增加了186.9%、97.7%、756.5%，在毛茶中分别增加了215.5%、70.8%、682.6%；而烷烃类、醛类和酮类组分在做青叶中分别下降了59.6%、85.7%、-1.8%，在炒青叶中分别下降了62.8%、81.6%、45.5%，在毛茶中分别下降了72.4%、91.8%、63.6%。

三、香气成分的变化规律

从鲜叶（XY）至毛茶（MT），各流程在制叶样品中检测到的香气成分分别有52种、53种、48种、38种、43种、41种、48种、51种、56种、57种、67种、64种、60种，试验所测13个茶样中共检测出260多种香气成分。

如图2-22所示的结果表明，乌龙茶的特征香气成分橙花叔醇、α-法尼烯、吲哚、苯乙腈和苯乙醇等在做青过程中大量增加，这与托基托莫（Tokitomo）等和胡慈杰等的研究结果一致。橙花叔醇和吲哚在第2次摇青和静置后大量增加，且橙花叔醇在以后的工序中持续增加，做青中期吲哚含量较高，做青后期有所下降。α-法尼烯在第3次摇青和静置后大量增加，在做青中期维持较高含量，做青后期有所下降，但杀青后又大幅增加。自做青前期出现后到干燥结束，橙花叔醇和α-法尼烯是在制叶中含量最高的香气成分，在毛茶中含量分别高达20.3%和16.9%，橙花叔醇与α-法尼烯可由橙花叔醇合成酶催化法尼烯焦磷酸形成。苯乙腈和苯乙醇从做青中后期开始出现，并在第 7 次摇青和静置后达到最大值。橙花叔醇具有花香、木香和果香，α-法尼烯具有花香和清香，吲哚在低浓度时表现清香和淡雅花香，结合如表 2-3 所示的各阶段的香型变化推测，橙花叔醇、α-法尼烯和吲哚可能是赋予大红袍清香和花香的主要香气成分。

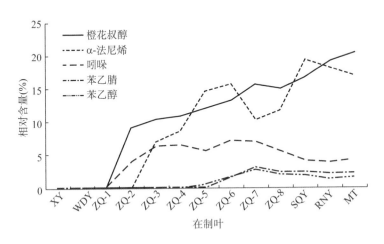

图 2-22　武夷大红袍中主要萜烯醇类成分在初制过程中的变化

由图 2-23 可知，己酸己酯、己酸-顺 3-己烯酯和己酸-反 2-己烯酯从做青中后期开始出现，并持续增加，其含量在杀青后达到最大值，在揉捻和干燥过程中有所下降。苯甲酸己酯出现于第 8 次摇青和静置后，苯甲酸-3-己烯-1-酯和苯甲酸-反 2-己烯酯出现于杀青后，这 3 个成分均在揉捻后达到最大含量。如图 2-24 所示的 6 个酯类成分在其他乌龙茶的香气研究报道中不多见或相对含量很低，随这些成分含量的增加，大红袍的品种特征愈见明显，由此可见，这 6 个酯类成分极有可能是大红袍的特征性香气成分。

从以上分析可知，橙花叔醇、α-法尼烯、吲哚、苯乙腈、苯乙醇、己酸己酯、己酸-顺 3-己烯酯、己酸-反 2-己烯酯、苯甲酸己酯、苯甲酸-3-己烯-1-酯和苯甲酸-反 2-己烯酯等成分在大红袍初制过程中大量转化生成，是赋予大红袍浓郁花果香的主要香气成分，也是与大红袍品种特征密切关联的特征性香气成分。这些主要成分的总量在做青和杀青工艺中均有大幅增加，在揉捻和干燥过程中变化很小，毛茶中这些主要成分的总量为59%（见图2-24）。结合香气的感官审评结果来看（见表2-3），大红袍在制叶的花香、果香浓度及品种特征随着这些成分总量的增大而增强。

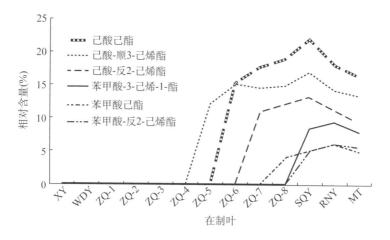

图2-23　武夷大红袍中主要酯类成分在初制过程中的变化

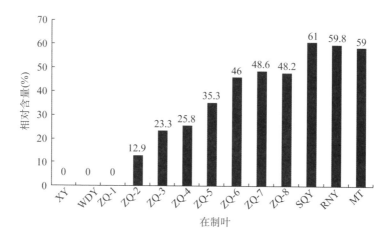

图2-24　大红袍初制过程中特征性香气成分含量的变化

第三节　武夷岩茶的精制

初制得到的毛茶含有夹杂物，如茶梗、黄片等，品质也未达到稳定状态，且每号毛茶的量较为有限，为了使成茶品质稳定及满足市场对量的需求，在初制后需要进行精制。精制的目的为"性状划一、质量纯净、统一规格、稳定质量"，须通过相应的加工技术措施和环节来实现。武夷岩茶的精制工艺流程为：毛茶归堆→毛拣→分筛与风选→复拣→烘焙→拼配→装箱→入库，具体归纳如下。

一、归堆

毛茶在精制前须进行归堆，俗语又称"拣堆"，即通过感官审评将同品种且品质相近的毛茶归为一堆，形成较大的批量，以满足加工与销售的需要。

二、毛拣

毛拣是指拣去毛茶中的茶梗、黄片和夹杂物等，有人工毛拣和机械毛拣两种形式。早期没有拣茶机械，生产上都是使用人工毛拣，剔除茶梗和开张的粗大叶片。一般分两步进行：第一步拣去茶梗，一只手捏住茶梗，另一只手将茶索一条条轻轻从茶梗中断开，不能用力过猛，防止茶索折断或破损；第二步拣去发黄或颜色不正常的大叶片。目前，武夷岩茶多用色选机毛拣。武夷岩茶的毛茶经常茶梗连着茶条，机拣时最好先过平圆筛，再进入色选机。

三、分筛和风选

1. 操作方式

分筛和风选都有机械和手工两种方式，少量生产时可用手工操作，大批量生产均以机械操作，效率更高。

2. 操作要点

（1）分筛。机械操作使用平圆筛，将茶叶分成若干号，手工操作根据需要选择几号竹筛，经若干次筛分成若干号茶。每号茶再单独进行复拣和风选。

（2）风选。机械操作是指利用风力选别机（见图2-25）的风力作用，分离茶叶的轻重，去除黄片、碎片、茶末以及夹杂物。应用风扇分离轻重是分别等级的一个重要技术措施。风选机械操作第一口为隔砂口，分出重质杂物，第二口为正口茶，第三口为子口茶，第四口为次子口茶，以后各口为茶片和轻质杂物。手工风选称簸茶，可去除茶叶中的轻片、茶末和轻质杂物。

图2-25　武夷岩茶风选机

四、复拣

复拣是指毛茶经毛拣、分筛、风选后，各筛号茶分开单独拣剔。目前，机器挑拣还不能完全拣净茶叶，必须用人工拣剔辅助（见图2-26），将茶叶中所有非茶类夹杂物和茶梗都剔除干净，以保证成品茶外形达到国家标准，符合销售要求。

图2-26　武夷岩茶人工复拣工艺

五、焙火

武夷岩茶的精制烘焙也称炖火、吃火，是形成武夷岩茶特有的香气、滋味和独有品质风格的关键工序。在足干的基础上，连续长时间的文火慢炖不仅可以去水保质，而且在低温慢炖过程中，干热促进了茶叶中内含物质的转化和分解，对增进汤色、提高滋味醇度和促进茶香熟化等具有很好效果。

武夷岩茶烘焙方式多、技术性强，与武夷岩茶特有香气和独特的口感韵味密切相关。文火慢炖是烘焙的基本要求，火功不论高低，均要求将茶叶焙透。同时须注意，火功高低是烘焙时间和温度综合作用的结果，不能单以时间或温度来衡量火功的高低。必须根据烘焙方式、茶树品种、茶叶产地、茶叶品质等灵活掌握烘焙温度和时间，才能达到烘焙的最佳效果。另外，在烘焙过程中要即时审评，调整温度高低，决定烘焙时间，以达到最终的火功要求。

烘焙方式有传统手工炭焙、烘干机烘焙、电烤箱烘焙等方式。生产上，高档岩茶一般使用手工炭焙，中低档茶一般使用烘干机烘焙，去水分时使用电烤箱烘焙。

1. 烘干机与电烤箱烘焙

烘干机烘焙一般采用慢速档烘焙，全过程历时 1～2 h 不等，连续烘 2～3 道，温度控制为 150～160℃。电烤箱烘焙，生产上以旋转式电烤箱为主，温度宜控制在 120～135℃。使用电烤箱烘焙茶叶时，须开启烘箱旋转功能，以确保茶叶干燥的均匀度。

2. 手工炭焙

（1）操作方式（见图 2-27—图 2-30）。备好岩茶烘焙专用的焙窟和焙笼，将焙窟填满木炭（木炭须选用较硬的杂木烧成的木炭），并将木炭燃透，

图 2-27　武夷岩茶手工炭焙间

图 2-28 武夷岩茶手工炭焙打焙工作

图 2-29 武夷岩茶手工炭焙

图 2-30 武夷岩茶手工炭焙

最后在炭火上盖适当厚度的炭灰，这个过程就叫打焙。焙笼中装七八成的茶叶，温度控制（用盖灰的厚度来控制温度）在手摸焙笼外壁热而不烫为宜，每次烘焙为几小时到十几小时不等（视需要而定，火功不够时可以进行多次烘焙），每隔 30～40 min 翻拌一次。烘焙中后期一边试茶一边调整烘焙温度和时间，以保证达到最佳的烘焙效果。

（2）技术要领。武夷岩茶烘焙过程应灵活掌握炖火温度、时间、摊叶厚度来控制火功。同时，可根据烘焙的程度分为轻火、中火和足火不同火功的产品。

轻火岩茶烘焙时温度较低（110～120℃），时间较长（10～15 h），火功较低。轻火岩茶香气清远，高而幽长，鲜爽；滋味甘爽微带涩，品种特征明显，但韵味稍弱；汤色金黄或黄色，稍淡；叶底三红七绿，鲜活；这种岩茶不耐贮藏，容易出现"返青现象"。

中火岩茶烘焙温度一般控制在 120～130℃，时间 8～12 h。中火岩茶香气浓郁，带花果蜜糖香，杯底香佳；滋味醇厚顺滑，耐泡，岩韵显；汤色橙黄；叶底隐约可见三红七绿，品质耐贮藏。当前茶叶市场的主流产品为中火岩茶。

足火岩茶烘焙温度一般控制在 130～140℃，时间 6～8 h。传统风味岩茶火功一般较高，掌握足火。如水仙等传统品质，干茶叶脉突出，俗称"露白骨"；香气多表现为果香，杯底香佳；滋味浓厚，耐泡；汤色橙黄明亮；冲泡后叶底舒展后可见突起泡点，俗称"蛤蟆背"或"起泡"，茶叶耐泡耐贮藏。

六、拼配

茶叶拼配就是将若干种半成品茶有选择地进行适量混合，使产品能够符合等级标准的要求，或满足成交样的品质需求，起到调剂、稳定茶叶品质，显优隐次、促使市场持续拓展，发挥最高经济价值的重要作用。

茶叶拼配可以满足不同消费地区群体的口感需求。不同消费地区由于消费口味以及社会氛围的不同，消费者对武夷岩茶的需求存在一定的差异。拼配可根据各种不同的口味需求，形成一个质量及价格相对稳定的产品。

以武夷山香江茶业有限公司销售部门提出的"珍品大红袍"的开发需求为例，产品要求为原料成本定价600元/kg，目标客户群体为全国消费者，定位为中档茶、日常口粮茶及走访送礼茶。因为产品面向全国消费者，要求消费者接受度较高，故茶叶原料的主调以重香气为考量、滋味以甜醇为上，进行茶叶的拼配。因茶叶原料价格为600元/kg，根据2019年武夷山岩茶市场行情分析，该价位段茶叶可选取半岩一级的茶叶作为拼配的原料。考虑到这款商品茶"香高水甜"的定位，原料品种的选取定位在金观音、水仙、奇兰、瑞香和肉桂，除水仙外的几个品种均为高香品种。其中，金观音香气馥郁悠长，奇兰有蜜糖香、兰花香，瑞香香气馥郁且滋味醇厚近似肉桂，这3个品种茶叶常用来搭配水仙、肉桂拼配大红袍产品。水仙、肉桂是当家品种，肉桂辛辣香高，水仙滋味醇厚，本身的性状表现优秀，以水仙和肉桂为基础的拼配方案，生产出的茶叶质量更有保障；其中又因为肉桂价格高，水仙价格相对较低，在综合二者的性价比后，以水仙为基本原料，形成多个拼配方案。经多次筛选最终确定拼配方案：30% 金观音 +35% 水仙 +20% 瑞香 +15% 肉桂。该拼配方案使茶叶香气和滋味更加均衡，且成本在众多方案中相对较低，既能保质，又能有效控制成本。

七、装箱

精制后的武夷岩茶多用内衬塑料薄膜袋的纸箱、木箱或铁箱装箱储藏。茶叶装入塑料薄膜袋后要将袋口扎紧，确保密封。出口的岩茶一般用木箱包装。

八、入库

将精制好的茶叶做好标签，标签上注明名称、等级、重量、生产日期等信息，分类进行入库处理。

传统炭焙工艺过程中武夷岩茶品质变化规律

武夷学院茶学团队以武夷岩茶（水仙、肉桂、梅占、瑞香）为试验材料，研究传统炭焙工艺过程（炭焙 0 h、4 h、8 h、13 h、18 h）对武夷岩茶品质变化的影响，从感官品质、主要生化成分及其相关性等方面揭示了武夷岩茶在传统炭焙工艺过程中品质变化的规律，结果如下。

一、感官审评分析

随着炭焙时间的增加，4 个品种的武夷岩茶外形变化方向一致：条索更紧结重实，色泽由青褐向乌褐转变，油润度增加，外形更加美观；汤色由浅橙黄向橙黄或橙红转变，色泽加深，明度由稍浑转变为较明亮、明亮，茶汤亮度和清澈度更佳；香气由花香向果香转变，香气逐渐落入水中，水中香渐显；滋味变得更醇厚爽口，涩感减轻，炭焙 18 h 后基本都有比较明显的回甘；叶底变化主要表现为色泽加深。通过炭焙，茶叶品质逐步提升。水仙、瑞香在炭焙 4 h 后，品质变化不大，炭焙 8 h 后品质提升明显，之后则逐渐上升，以炭焙 18 h 最佳。肉桂、梅占品质随着炭焙时间逐步提升。从感官审评结果可以看出，4 个品种均以炭焙 18 h 品质最佳。

二、生化成分分析

1. 水浸出物含量分析

水浸出物是茶叶中水溶性物质的总和，以多酚类物质为主，包括氨基酸、咖啡碱（咖啡因）、可溶性糖、可溶性蛋白质等，涵盖了茶水中所有的营养物质。传统炭焙工艺过程中，随着炭焙时间增加，水浸出物含量逐渐增加，且 4 个品种的武夷岩茶炭焙 18 h 后都高于毛茶。这说明炭焙有助于武夷岩茶可溶性物质含量提高，促进品质提升。在 4 个品种中，毛茶中瑞香水浸出物含量

（34.00%）最高，炭焙18 h后梅占水浸出物含量（38.00%）最高，且炭焙以梅占水浸出物含量增幅最大（12.86%）。炭焙4 h，梅占水浸出物含量与毛茶差异显著，其他品种差异不显著。炭焙8 h，瑞香水浸出物含量与毛茶差异不显著，其他品种差异显著。炭焙13 h、18 h，4个品种水浸出物含量与毛茶差异均显著。

2. 茶多酚含量分析

茶多酚亦称茶鞣质，在茶汤中的口感呈苦涩味，是决定茶汤滋味的主要物质，适量的茶多酚有利于茶叶品质。传统炭焙工艺过程中，随着炭焙时间的递增，4个品种的武夷岩茶茶多酚含量均呈下降趋势，且毛茶中茶多酚的含量高于其他不同炭焙程度茶样中的含量。这可能是因为茶多酚在高温作用下发生分解、氧化和异构化等反应，儿茶素类氧化成茶黄素，儿茶素产生异构体。因此，多酚类物质的含量呈下降趋势。肉桂的茶多酚含量（18.19%）除炭焙4 h略低于水仙（18.28%），其他各处理中均为4个品种中最高。炭焙过程中以水仙的茶多酚含量降幅最大（9.40%）。炭焙4 h后4个品种茶多酚含量与毛茶差异均显著。肉桂炭焙4 h和8 h、8 h和13 h、13 h和 18 h之间茶多酚含量差异不显著，其他3个品种各处理间差异均显著。

3. 氨基酸含量分析

茶叶中的氨基酸影响着茶汤的鲜爽味，是茶叶滋味品质的影响因子，同时也对茶叶香气的形成有一定的促进作用。随着炭焙时间的增加，4个品种的武夷岩茶氨基酸含量总体均呈下降趋势，且以水仙的氨基酸含量降幅最大（23.94%）。瑞香的氨基酸含量（0.64%）除炭焙13 h略低于梅占（0.67%），在其他各处理中均为4个品种中最高。毛茶和炭焙18 h后氨基酸含量均表现为：瑞香＞梅占＞肉桂＞水仙。这可能是因为炭焙过程中氨基酸能与糖类、多酚类等发生热化学反应形成香气等物质成分，从而导致氨基酸含量减少。炭焙4 h，水仙和肉桂的氨基酸含量与毛茶的差异显著，梅占和瑞香的差异不显著。炭焙8 h，4个品种的氨基酸含量与毛茶的差异均显著。水仙炭焙8 h

和炭焙 13 h 差异不显著，其他处理间差异显著。肉桂各处理间差异均显著。

4. 咖啡碱（咖啡因）含量分析

咖啡碱（咖啡因）是存在于茶叶中的一种生物碱，是决定茶叶品质的主要成分之一，在茶汤滋味中表现为苦味。毛茶咖啡碱（咖啡因）含量，肉桂（3.27%）＞梅占（3.13%）＞水仙（3.11%）＞瑞香（3.08%）；炭焙 18 h 后，肉桂（3.04%）＞水仙（2.89%）＞梅占（2.87%）＞瑞香（2.77%）。4 个品种的武夷岩茶咖啡碱（咖啡因）含量均随炭焙时间的增加而减少，降幅最大的品种是瑞香，达 10.06%。咖啡碱（咖啡因）含量随炭焙时间的增加而减少，这可能是因为在炭焙过程中咖啡碱（咖啡因）会与茶多酚等多酚类物质结合形成酸性咖啡碱（咖啡因）复合物，也有些与有机酸类结合成为有机酸咖啡碱（咖啡因），这些物质经过酶和热力作用稍有分解。此外，随着炭焙时间的增加，茶叶积温达到咖啡碱（咖啡因）升华的温度导致部分咖啡碱（咖啡因）升华，故而咖啡碱（咖啡因）含量呈现下降的趋势。炭焙 4 h，水仙和肉桂咖啡碱（咖啡因）含量与毛茶差异不显著，梅占和瑞香与毛茶的差异显著。炭焙 8 h，4 个品种咖啡碱（咖啡因）含量与毛茶的差异均显著。梅占各处理间的差异均显著。

5. 黄酮类物质分析

黄酮类化合物是影响茶汤色泽的主要因子，同时也是茶汤滋味中苦涩味的影响因子。毛茶的黄酮含量，瑞香（10.43%）＞梅占（9.69%）＞水仙（9.20%）＞肉桂（8.85%）；炭焙 18 h 后，瑞香（8.84%）＞水仙（8.49%）＞梅占（7.88%）＞肉桂（7.87%）。4 个品种的武夷岩茶的黄酮含量均随炭焙时间的增加而减少，其中，梅占的降幅最大（18.68%）。炭焙 4 h，瑞香的黄酮含量与毛茶的差异不显著，其他 3 个品种差异显著。炭焙 8 h，4 个品种黄酮含量与毛茶差异均显著。水仙炭焙 4 h 和 8 h 的黄酮含量差异不显著，其他各处理间差异显著。瑞香毛茶与炭焙 4 h、炭焙 8 h 和 13 h 的黄酮含量差异不显著，其他处理间差异显著。肉桂和梅占各处理间差异均显著。

三、武夷岩茶生化成分与感官审评的相关分析

研究武夷岩茶各生化成分与感官审评之间的关系，有助于进一步探索武夷岩茶品质特征形成的基础。武夷岩茶生化成分与感官审评结果高度相关。瑞香水浸出物与感官结果显著正相关，相关系数为0.955；其他3个品种呈极显著正相关，相关系数分别为0.988、0.993、0.991。除肉桂茶多酚、水仙和肉桂氨基酸、水仙黄酮与感官结果显著负相关，其余均呈极显著负相关，相关系数在-0.963～-0.993。这说明武夷茶水浸出物中这几种生化成分含量与武夷岩茶品质的关系密切。酚氨比等衍生变量与感官审评得分间的相关性较大，梅占酚氨比、肉桂酚/咖、水仙和瑞香酚酮比与感官审评结果相关性不显著，其他衍生变量与感官审评均呈显著或极显著相关。这表明武夷岩茶品质是多种成分相互作用的结果，这与陈美丽等研究结果一致。

四、小结

本研究以武夷岩茶为原料，对不同时间炭焙处理后的茶样感官审评及生化成分进行了测定。研究表明，炭焙可以显著提高武夷岩茶品质。随着炭焙时间增加，茶叶品质逐步提升，且均以炭焙18 h品质最佳。炭焙18 h后，4个品种的武夷岩茶总体感官审评结果如下：毛茶外形较紧结重实，青褐，汤色浅橙黄，稍浑浊，香气表现为花香，滋味较鲜醇，叶底青褐软亮；炭焙18 h后，条索紧结重实、色泽乌润，汤色橙黄或橙红明亮，香气表现为花果香及品种特征香，滋味醇厚、爽口、有回甘，叶底乌褐较软亮。可见炭焙对武夷岩茶独特品质及品种特征的形成具有关键的作用。

综上所述，通过炭焙可以提升武夷岩茶的品质，使其特征更明显。此外，炭焙对不同品种武夷岩茶的品质提升效果不同，这与茶树品种自身特性有关。本研究结果为进一步探索武夷岩茶的炭焙机制提供了一定的参考。

第四节 武夷岩茶的包装与储藏

一、武夷岩茶的包装

茶叶包装，古已有之。茶叶在消费者购买之前必须经过包装，包装的优劣会直接影响最终呈现在消费者面前的茶叶风味与品质。传统茶叶包装（见图 2-31—图 2-33）主要有纸质包装、金属包装等。

图 2-31 武夷岩茶传统马口铁包装

图 2-32 武夷岩茶传统纸质包装

图 2-33 武夷岩茶传统礼盒包装

随着武夷岩茶内销量的增加，游客个体购买茶叶量急速增长，茶叶包装在保护茶叶品质、便利流通、促进销售、方便消费、增加附加值等方面越来越重要。近年来，武夷岩茶包装呈现出百花齐放的争艳局面，现有的销售包装主要有纸袋包装、塑料包装、木质包装、瓷罐包装、金属包装等，包装的文化性和装饰性有了较大提升。绿色环保、人性化、地域文化突显等是未来茶叶包装的发展方向（见图 2-34—图 2-37）。

图 2-34　武夷岩茶纸质包装

图 2-35　陈年茶叶窖藏陶瓷罐（实用新型专利，专利号：ZL 2016 2 0475928.X）

图 2-36　武夷岩茶简易礼盒包装

图 2-37　武夷岩茶金属包装

二、武夷岩茶的储藏

茶叶由鲜叶原料经过加工成为成品茶，在没有销售之前需要合理的储藏，茶叶储藏是商品茶与消费者之间的一个重要环节，在茶叶生产流通过程中，对于保持商品茶的质量有着举足轻重的作用。此外，科学合理储藏对减少消耗、降低流通费用、加速商品流通、促进商品茶销售、增强茶叶商品的市场竞争力、提高经济效益等方面都有着积极作用。

武夷岩茶的储藏，在家庭小量储藏过程中应做好阻氧、防潮、防异味、防霉等措施，大量仓储过程中除以上注意点外应做好防碰撞、防挤压、防跌落等保护措施，可充分减少损耗。

家庭小量储藏适宜用密封性好的容器包装，常用的包装材料有：PE 或 PP 单层薄膜包装；OPP/PE、K 涂 PT/PE、BOPP/AL/PE、PT/ 纸 /PE/AL/PE、真空涂铝 PET/PE 等复合薄膜。要注意的是，用于茶叶包装的复合薄膜内层不能用胶水胶粘，而须用热熔剂黏合，或用热熔法涂覆 PE，这样可以避免胶水所用溶剂的加工残留物造成茶叶串味。

武夷学院茶学团队发明了适用于武夷岩茶的储存陶罐，并获得了相关专利（见图 2-35），在武夷岩茶陈茶储藏方面取得了良好成效。储藏方法如下：将烘干后的茶叶置于陶瓷罐下层，茶叶的体积为陶瓷罐体积的 65%，将烘干至含水量为 1.5% 的茶叶碎末用纱布包裹并置于陶瓷罐中茶叶的顶部，茶叶碎末用量为陶瓷罐体积的 35%，用陶瓷平板盖住陶瓷罐并用黄泥密封，盖上陶瓷盖，将陶瓷罐置于储藏室中，储藏室温度 ≤ 26℃，湿度 ≤ 60%，储藏时间 5 年以上，即可制得一种窖藏陈年岩茶。

茶业仓储作业中，贮藏茶叶的仓库应避免生活区和加工区的污染和干扰。仓库内应清洁、干燥、无异味，有良好避光、防潮、封闭功能，具有防火、防虫、防蝇、防鼠设施，通常应配备温湿度仪、除湿、降温设备。贮藏环境，温度宜控制在 25℃ 以下，相对湿度宜控制在 50% 以下。

第二章　武夷岩茶的品鉴

· 武夷岩茶游学设计与体验

· 武夷岩茶的生活品饮

· 武夷岩茶的专业审评

爱岩茶者众，懂岩茶者寡。这是因为品鉴武夷岩茶需要一定的常识与专业技巧，即鲁迅先生说的"有好茶喝，会喝好茶，是一种'清福'。不过要享这'清福'，首先就须有工夫"。

第一节　武夷岩茶的专业审评

　　专业感官审评是借助人的视觉、嗅觉、味觉、触觉等感觉器官对茶叶的形状、色泽、香气和滋味等感官特征进行鉴定的过程，是确定茶叶品质优次和级别高低的主要方法。专业审评结果的准确性受环境、茶汤冲泡方式、个人主观因素等多方面的影响，因此，必须用专业严谨的方法规程来进行操作。

一、武夷岩茶审评基本要求

1. 标准审评器具

　　为了尽可能减少其他因素对评茶结果的影响，专业审评茶叶对评茶环境、设备和器具都有规范要求。评茶环境要求地势干燥，无污染、无异味，干净，安静，装修简约素净（见图 3-1）。有条件的可购置专业的干评台和湿评台。干评台是用来放置审评盘，审评外形的，台面是黑色亚光；湿评台是用来冲泡茶叶和审评内质的，台面是白色亚光，四周边高 3 cm 左右，设出水口。审评时用到的器具比较多（见图 3-2—图 3-4），有样茶秤、审评杯碗、品茗杯、汤匙、叶底盘、计时器、吐茶桶、烧水设备等。

图 3-2　审评盘

图 3-1　专业评茶室

图 3-3　叶底盘

图 3-4　乌龙茶标准审评杯碗

乌龙茶的审评与红绿茶有所不同，习惯用钟形有盖茶瓯冲泡。其特点是投茶多、用水少、泡时短、泡次多。用来冲泡茶叶的盖杯容积为 110 mL，用来盛茶汤的茶碗容积为 160 mL，通常一个盖杯配两个或三个茶碗，具体尺寸见图 3-5。

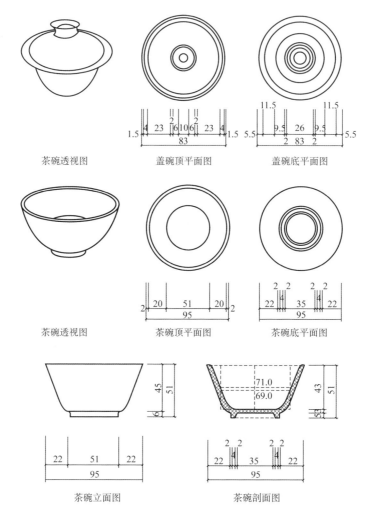

图 3-5　乌龙茶标准审评杯碗形状与尺寸示意图

资料来源：中华人民共和国国家质量监督检验检疫总局，中国国家标准化管理委员会．茶叶感官审评方法：
GB/T 23776—2018 [S]．北京：中国标准出版社，2018．

2. 茶汤冲泡标准方法

称取样茶 5 g，放入容量 110 mL 的审评杯，然后用沸水冲泡，沸水冲满后用杯盖刮沫，杯盖用开水洗净再盖上。第一次冲泡 2 min，1 min 时揭盖闻香；第二次冲泡 3 min，2 min 时揭盖闻香；第三次冲泡 5 min，3 min 时揭盖闻香。冲泡时间到即沥出茶汤，茶汤一定要沥干。

二、武夷岩茶审评流程

审评分干评外形和湿评内质，基本流程有干评外形、开汤冲泡、嗅香气、看汤色、尝滋味、评叶底。

1. 干评外形

以条索外形、色泽为主，辅看匀整性和净度。条索看松紧、轻重、壮瘦、挺直、卷曲等。色泽以青褐或乌褐油润为好，以枯燥无光为差（见图3-6）。

图3-6　干评外形

2. 湿评内质

湿评内质以嗅香气和尝滋味为主，结合看汤色和评叶底。湿评内质前须进行开汤冲泡，先称取茶样放入审评杯中，然后沸水冲泡，浸泡时间到立即出汤（见图3-7，图3-8）。

图3-7　称样

图 3-8　冲泡和出汤

（1）嗅香气（见图 3-9）。在审评武夷岩茶时以嗅杯盖香为主，在每次冲泡的过程中揭盖闻香：第一泡嗅香气的高低和纯异；第二泡辨别香气类型、质感的优劣；第三泡嗅香气的持久程度。嗅香以花香或果香细锐、高长的为优，以余香持久者为优，以粗钝低短的为次。仔细区分不同品种茶的独特香气，如武夷肉桂似水蜜桃香、似桂皮香，武夷水仙似兰花香。嗅香气时要注意以下问题：第一，因为我们的嗅觉细胞很容易产生适应性（入芝兰之室，久而不闻其香），故每

图 3-9　嗅香气

次嗅香时间最好控制在2～3 s内；第二，嗅香气时不能说话，不能对着杯盖呼气，以免使杯盖沾染上不纯的气味。

（2）看汤色（见图3-10）。汤色从色度、清浊度和明暗度进行评判。武夷岩茶由于焙火程度不一，茶汤颜色的跨度比较大，毛茶和轻焙火的岩茶一般呈现金黄、橙黄的颜色，中焙火的岩茶一般呈现深橙黄、橙红的颜色，足焙火的岩茶一般呈现深橙红的颜色，高焙火的岩茶一般呈现褐红或红褐色。汤色要求清澈明亮，浑浊暗淡的茶汤不好。

图3-10　看汤色

（3）尝滋味（见图3-11）。用汤匙将茶汤舀入品茗杯中，品茗杯放在嘴边，然后快速将茶汤吸入口中，不能马上吞下去，要通过啜茶的方式让茶汤与舌头上的味蕾充分接触。滋味有浓淡、厚薄、爽涩等之分，对滋味的评判以第二泡茶汤为主，综合第一泡和第三泡的滋味特点，特别是初学者，第一泡滋味浓，不易辨别。茶汤入口刺激性强，稍苦回甘爽，为浓；

图3-11　尝滋味

茶汤入口苦，饮后也苦而且苦感在舌根，为苦。评定时以浓厚、浓醇、鲜爽回甘者为优，以粗淡、粗涩者为次。

（4）评叶底（见图 3-12）。叶底应放入装有清水的叶底盘中，从嫩度、软硬、厚薄、色泽、红边程度、火功程度等方面进行评判。叶张完整、柔软、肥厚、色泽青绿稍带黄、红点明亮的为好，但品种不同叶色的黄亮程度有差异。叶底单薄、粗硬、色暗绿、红点暗红的为次。一般而言，做青好的叶底红边或红

图 3-12 评叶底

点呈朱砂红为优，猪肝红为次，暗红者为差。评定时还要参考品种特征。

三、武夷岩茶的评分方法

茶叶品质的评定须用评分和评语来记录。为了达到结果的公平公正，审评前须对所有茶样进行密码编号，审评时评茶员根据品质标准按外形、汤色、香气、滋味和叶底五项因子进行评分，并用专业的评茶术语来描述各项因子的品质特点。乌龙茶品质评语与各品质因子评分表和武夷岩茶感官审评记录表如本节最后的表 3-1 和表 3-2 所示。在无标准实物样的情况下，评茶一般采用权分法进行评分，各项因子皆按百分制打分，然后将某因子的得分与该因子的系数相乘，再将五项的乘积值相加，即为该茶样审评的总得分。《国家茶叶感官审评方法》（GB/T 23776—2018）规定，乌龙茶的外形、汤色、香气、滋味和叶底的权重系数分别为 20%、5%、30%、35%、10%。

四、武夷岩茶审评术语

评茶术语是记述茶叶品质感官评定结果的专业性用语，正确理解和应用

评茶术语需要一定的专业功底。现将一些武夷岩茶常用评语列后，供选用时参考。

1. 外形评语

紧结：条索卷紧而重实（见图3-13）。

壮结：茶条壮实而紧结。

粗松：嫩度差，形状粗大而松散（见图3-14）。

扭曲：叶端褶皱重叠的茶条。

褐中带青：色泽青褐带灰。

褐黑：乌中带褐有光泽。

三节色：茶条尾部呈青绿色，中部呈黄绿色，边缘淡红色，故称三节色（见图3-15）。

枯燥：干枯无光泽。按叶色深浅程度不同有乌燥、褐燥之分。

图3-13 条索紧结

图3-14 条索粗松

图3-15 三节色

2. 香气评语

品种特征：同一茶树品种种植在不同地域，按岩茶传统工艺加工所具备的共同的品质特征。

浓郁：香气丰富，芬芳持久。

馥郁：幽雅丰富，芬芳持久，比浓郁香气更雅。

浓烈：香气虽高，但质感不及浓郁或馥郁。

花香：似鲜花的香气，新鲜悦鼻。

果香：似果实散发出的香气。

地域香：特殊地域、土质栽培的茶树，其鲜叶加工后产生的特有香气。

清高：香气清长，但不浓郁。

清香：清纯柔和，香气不高但很优雅。

纯正：香气纯净，不高不低，无异杂气。

平和：香气较低，但无异杂气。

青气：带有鲜叶的青草气，多见于做青不透和焙火不透所致。

粗气：香气低，有老叶的粗老气。

闷火、郁火：岩茶烘焙后未适当摊凉而形成的一种令人不快的火功气味。

猛火、急火：烘焙温度过高或过猛的火候所产生的不良火气。

返青：武夷岩茶成品茶火功退后又呈现出青气，滋味带有青涩味的现象。

3. 汤色评语（见图 3-16）

金黄：以黄为主带有橙色。

橙黄：黄中微带红，似橙色或橘黄色。

橙红：橙黄泛红。

清澈：清净、透明、无沉淀、光亮。

明亮：审评茶碗中的茶汤亮度好，碗底反光强。

浑浊：茶汤中有大量悬浮物，透明度差。

红汤：浅红色或暗红色，常见于陈茶或焙火较高的茶。

图 3-16　从左至右分别为黄亮、橙黄明亮、橙红明亮

4. 滋味评语

醇厚：武夷岩茶的茶汤滋味在口腔中表现出的厚重感、润滑性和饱满度，刺激性不明显，回甘持久，宜以综合多次冲泡的滋味来判断。

浓厚：味浓而不涩，有一定刺激性，有厚重饱满感，内涵丰富，回味清甘持久。

鲜醇：入口有清鲜醇爽感，过喉甘爽。

醇和：味清爽带甜，鲜味不足，无粗杂味。

粗浓：味粗而浓，入口有粗糙辣舌之感。

苦涩：茶汤入口涩而带苦，味浓但不鲜不醇。

青涩：涩味且带有生青味。

岩韵：为武夷岩茶特有的品质特征。

回甘：武夷岩茶茶汤咽下后口腔所产生的生津、甘甜的感觉。

5. 叶底评语

蛤蟆背：武夷岩茶在一定的温度下经过一定时间的烘焙所形成的，在叶底显现出叶面表层隆起的现象（见图 3-17）。

柔软、软亮：叶质柔软称为"柔软"，叶色发亮有光泽称为"软亮"。

绿叶红镶边：做青适度，叶缘朱砂红明亮，中央浅黄绿色或青色透明（见图3-18）。

暗张、死张：叶张发红，夹杂暗红叶片的为"暗张"，夹杂死红叶片的为"死张"（见图3-19）。

青张：无红边的青色叶片（见图3-20）。

图3-17　叶底上的蛤蟆背

图3-18　绿叶红镶边

图3-19　左边为暗张/死张，右边为正常叶底

图3-20　青张

茶叶品质受茶树品种、栽培技术、地域、气候、土壤肥力、采制工艺等多方面的影响，因此，要准确评判一款茶的品质等级和风格是有难度的（见表 3-1，表 3-2）。评茶时要有严谨认真的态度，要严格按照科学的方法来操作，要勤学多练，才能提高鉴别能力，提高审评技术。

表 3-1　乌龙茶品质评语与各品质因子评分表（引自 GB/T 23776—2018）

因子	级别	品质特征	给分	评分系数
外形 （a）	甲	重实、紧结、品种特征或地域特征明显，色泽油润，匀整，净度好	90～99	20%
	乙	较重实，较壮结，有品种特征或地域特征，色润，较匀整，净度尚好	80～89	
	丙	尚紧实或尚壮实，带有黄片或黄头，色欠润，欠匀整，净度稍差	70～79	
汤色 （b）	甲	色度因加工工艺而定，可从蜜黄加深到橙红，但要求清澈明亮	90～99	5%
	乙	色度因加工工艺而定，较明亮	80～89	
	丙	色度因加工工艺而定，多沉淀，欠亮	70～79	
香气 （c）	甲	品种特征或地域特征明显，花香、花果香浓郁，香气优雅纯正	90～99	30%
	乙	品种特征或地域特征尚明显，有花香或花果香，但浓郁与纯正性稍差	80～89	
	丙	花香或花果香不明显，略带粗气或老火香	70～79	
滋味 （d）	甲	浓厚甘醇或醇厚滑爽	90～99	35%
	乙	浓厚较爽，尚醇厚滑爽	80～89	
	丙	浓尚醇，略有粗糙感	70～79	
叶底 （e）	甲	叶质肥厚软亮，做青好	90～99	10%
	乙	叶质较软亮，做青较好	80～89	
	丙	稍硬，青暗，做青一般	70～79	

表 3-2　武夷岩茶感官审评记录表

茶样编号	总得分	外形		汤色		香气		滋味		叶底	
		评语	评分	评语	评分	评语	评分	评语	评分	评语	评分

第二节 武夷岩茶的生活品饮

专业审评的目的是全面客观评判茶叶的特点、品质优劣、等级高低，故对茶汤的准备采取统一而标准的冲泡方式。生活品饮的目的主要在于享受美好的茶汤，通过品茶带来愉悦，宾主尽欢，故在泡茶时应根据每款茶的特点来进行冲泡，以充分发挥每款茶的优点。

一、武夷岩茶的人工冲泡

武夷岩茶具有独特的岩韵，岩韵是"臻山川精英"所成，更需要人来激发，当地有"武夷岩茶三个半师傅"的说法，即做青师傅（一个）、焙火师傅（一个）、评茶师傅（一个）和茶艺师（半个）。可见，具有良好冲泡技术的茶艺师对武夷岩茶岩韵的表现至关重要。

（一）冲泡茶器的选择

依据岩茶的品质特点选择配备合适的泡茶器具，主要从煮水器、冲泡用具、品饮杯三个方面来探讨。

1. 煮水器的择取

泡茶不仅对水质有要求，还要选择好煮水的器具。煮水器根据材质可以分为铁壶、铜壶、银壶、不锈钢壶、玻璃壶、陶壶等，根据加热方式可分为用电、用酒精灯和用炭等几种。电热不锈钢壶（见图3-21）在平时的生活中使用最普遍，因为它最方便，但沸腾后的水温达不到100℃，尤其是在大功率下快速烧热沸腾的水。陶壶和潮州风炉（见图3-22）是传统潮州工夫茶用来煮水的器具，用来煮水泡茶效果尤佳，水温高，水质清甘，但便利性不如电热壶。

图3-21　电热煮水壶　　　　　　　　　图3-22　潮州风炉与陶壶

2. 冲泡用具的择取

主要的冲泡用具有瓷质盖杯、紫砂壶、瓷壶等，还有出汤用的公道杯（较常用的材质是玻璃和瓷，见图3-23）。在武夷岩茶的生活茶艺中瓷质盖杯与公道杯的搭配较常用，也有用紫砂壶进行冲泡的。在舞台茶艺表演中，两个紫砂壶搭配成子母壶，一个用于冲泡，一个当作公道杯；也有的单用一个紫砂壶进行冲泡，然后用"关公巡城和韩信点兵"的流程将茶汤直接分入品茗杯中。

紫砂壶和瓷质盖杯各有特点，瓷质盖杯更有利于闻香，紫砂壶更有利于滋味的醇化（见图3-24）。根据平时的冲泡及品饮经验，结合茶叶和茶具材质的特性，我们发现：火功比较轻的岩茶用瓷质盖杯冲泡更好；火功较重的岩茶和陈年岩茶用紫砂壶冲泡效果更好；也可将瓷质盖杯和紫砂壶进行搭配来冲泡岩茶，用瓷质盖杯冲泡岩茶，用紫砂壶作为公道杯。岩茶有三香，

图3-23　玻璃公道杯

即盖香、水香和底香，用瓷质盖杯冲泡才能全面感受盖香，瓷质盖杯的盖香闻起来更高长、清晰。选用紫砂壶当公道杯有两个好处：一是紫砂壶的保温效果好，茶汤不容易冷，尤其是在气温较低的环境下；二是紫砂壶具有醇化茶汤的效果，岩茶茶汤较浓酽，入口时表现出较强的刺激性，而通过紫砂壶的醇化可降低入口时的刺激性，却不影响茶汤的醇度和厚度。

图3-24　瓷质盖杯与紫砂壶的搭配

3. 品茗杯的择取

品茗杯是用来品茶的小杯，其形状、材质、手感均对茶汤和宾客的心理感受有影响，故选择合适的品茗杯既给茶席茶汤加分，又能让茶客愉悦。从茶汤效果来看，岩茶品茗杯应选择留香效果好的杯子；从材质来看，瓷质的留香效果优于其他材质；从杯形来看，聚香留香效果好的杯形特点表现为

杯身较高、杯口较小等；从色泽来看，内壁是白瓷的有利于观察汤色（见图3-25，图3-26）。

图 3-25　聚香效果好的品茗杯

图 3-26　浅口品茗杯

（二）冲泡技术要点

好茶还需要高超的冲泡技术才能化为完美的茶汤。水质、水温、冲泡时间、茶水比等是冲泡过程中对茶汤影响较大的因素。冲泡一杯好岩茶不仅需要掌握这些要点，还要掌握好冲泡手法，使每泡茶汤浓淡恰到好处，香气充分表现。

1. 水质和水温

水质对茶汤的影响很大，中国人历来讲究泡茶用水。好水除了达到饮用水的标准外，还要具备"轻、清、甘、冽、活"五个特点，即水质要清、水体要轻、水味要甘、水温要冽、水源要活。

择水重要，煮水亦重要。首先，要掌握好火候。一沸太稚，劲不足，不能充分泡出茶香，而三沸太老，水中氧气挥发，不能充分体现茶汤的鲜爽感，故二沸最宜。其次，要掌握好水温，冲泡岩茶的水温不低于98℃，最好为

100℃，这样才能充分激发茶香，尤其是与花果香密切相关的高沸点的香气物质。最后，为了保证高水温冲泡，在冲泡前应用沸水烫杯，泡茶盖杯、公道杯/紫砂壶和品茗杯都需要烫热。

2. 茶水比

茶水比是指投茶量（单位为 g）与冲泡水量（单位为 mL）的比例。茶水比太大，泡出的茶汤太浓，太小则茶汤太淡，故要掌握好合适的茶水比。福建省地方标准《武夷岩茶冲泡与品鉴方法》（DB35/T 1545—2015）中建议岩茶的茶水比为 1:7 至 1:22，即投茶量（5～15 g):110 mL，口味比较淡的茶客以（5～8 g):110 mL 为宜，喜欢喝浓茶的茶客以（10～15g):110 mL 为宜。在实际冲泡过程中以此标准为指导，可根据茶品的特色进行微调。

3. 冲泡时间

影响茶汤浓淡的另一个重要因素是冲泡时间。有试验显示，在 10 min 内随着冲泡时间的延长，茶叶中主要成分的泡出量随之增多，冲泡 5 min 后的浸出物主要是多酚类化合物中涩味较重的酯型儿茶素成分，这是不利于滋味品质的成分。茶水比和冲泡时间对茶汤浓度的影响是相互的，茶水比大，冲泡时间就要短，茶水比小，冲泡时间要相对长。在对岩茶进行专业审评时，以茶水比 5 g:110 mL，第一次 2 min、第二次 3 min、第三次 5 min 的浸泡时间冲泡三次来准备茶汤，此法可以全面科学地鉴定茶叶的品质等级，但对于以享受美好茶汤为目的的生活品饮来说不是最适合的。

以品饮为目的的生活冲泡是要将一泡茶的优点充分展现出来，为了能充分感受岩茶的芬芳香气，应采取较大投茶量和快速出汤的方式来冲泡。投茶量以经连续 4～5 次冲泡后叶底满杯为宜，即杯盖可完全接触到叶底，以 110 mL 冲泡水量来说，7～9 g 的投茶量适合大部分人的口感喜好，10～12 g 的投茶量适合喜喝浓茶者，当投茶量为 13～15 g 时，冲泡出的茶汤浓度极大,仅适合少数老茶客的口感要求。在此投茶量范围下,岩茶可冲泡7次以上,有的能冲泡10次以上,根据茶叶品质表现,每泡的浸泡时间都要掌握得当,第一至第五泡浸泡时间为3~15 s,以后每泡逐次小幅延长浸泡时间。

4. 冲泡流程

武夷岩茶冲泡流程如下:备具→烫杯→投茶→冲泡(多次)→闻香观色品饮。

(1)备具(见图3-27)。准备好泡茶所需的器具,煮水可用电热烧水壶和潮汕风炉,泡茶用盖杯或紫砂壶、公道杯、品茗杯、杯托、茶洗等。

图3-27 备具

(2)烫杯(见图3-28)。用热水将盖杯、公道杯和品茗杯进行烫洗,以达到提升杯温的目的。

图 3-28　烫杯

（3）投茶（见图 3-29）。将茶叶投入盖杯或紫砂壶中，投茶后可轻轻摇动盖杯或紫砂壶，然后嗅茶叶的干香。

图 3-29　投茶

（4）冲泡（见图3-30）。用98℃以上的开水冲泡岩茶，每次冲泡都要满杯，第一泡要刮沫（即用杯盖刮去浮于面上的泡沫，然后用清水冲洗杯盖）。每次冲泡时间请参照上文，冲泡时间到应立即将茶汤倒入公道杯中，再从公道杯分入各个品茗杯中，请宾客饮茶（见图3-31）。

(a) 冲泡

(b) 出汤

(c) 分茶

图 3-30　冲泡

图 3-31　敬茶

（5）闻香观色品饮。每次冲泡过程中可闻香，或出汤后闻盖香，或品饮后闻挂杯香。观察每泡的汤色，比较汤色深浅的变化程度，茶汤颜色由深到浅变化缓慢，说明此茶耐泡性好，若前后两泡汤色深浅相差较大，说明此茶不耐泡。品饮岩茶时应啜饮，充分感受滋味中厚重的"岩骨"和弥漫于口腔的"花香"。

二、武夷岩茶的机器冲泡

在茶馆、茶庄、茶叶会所、茶店等场所，布置有精美茶席，有掌握茶叶冲泡技能的茶艺师，能让消费者充分感受到岩茶的"岩骨花香"之韵。但是，消费者购买的茶叶大部分是在办公室和家里饮用的，此时一款好用的人工智能泡茶机或许能替代茶艺师的角色，给消费者带来便捷和愉悦的感受。

科技让生活更美好。随着科技的发展，泡茶机的研究也在不断发展。2010年起，市场上陆续出现了多款泡茶机，如瑞士雀巢的Special.T（见图3-32）、英国立顿的T.O（见图3-33）、德国福维克的Temial（见图3-34）和中国天泰乐泡的Lepod（见图3-35）等，另有一些从欧美著名胶囊咖啡机品牌（如Nespresso, Delco Gusto, Keurig等）改名而来的机器本书不予讨论。泡茶机的发明让人们在生活中也能品尝到武夷岩茶的"岩骨花香"韵味。多种泡茶机的对比如表3-3所示。

图3-32　雀巢Special.T泡茶机　　　　图3-33　立顿T.O泡茶机

图 3-34 Temial 泡茶机

图 3-35 乐泡 Lepod 智能泡茶机

表 3-3 多种泡茶机对比

泡茶机品牌	特点
雀巢 Special.T	胶囊式碎末茶，仅支持单次冲泡，无加速浸提，简易智能，无联网
立顿 T.O	胶囊式碎末茶，仅支持单次冲泡，无加速浸提，无智能，无联网
福维克 Temial	非胶囊式，仅支持多道冲泡，无加速浸提，可调水温、水量，分秒控时，远程操控
乐泡 Lepod	胶囊式整叶原茶，既支持单次冲泡也支持多道工夫泡，旋流加速浸提，5G物联网、全智能、数据云平台、智能工夫茶机（Smart T-Master）算法冲泡模型，大师杯可支持私房茶

1. 泡茶机的冲泡参数设计

一款好用的泡茶机应用高科技来实现人工泡茶的良好效果，设计科学合理的冲泡参数实现"看茶泡茶"是研发全自动高档泡茶机的核心技术。以乐泡智能工夫泡茶机的冲泡参数设计为例：首先，乐泡技术团队和安徽农业大学茶学国家重点实验室、国茶实验室等科研机构以及正山堂、大益、因味茶等企业共同研究收集专业茶艺师冲泡各类茶品的数据；其次，将数据输入系统，应用机器深度学习和优化特定茶品的冲泡参数，从洗茶到不同道数的冲泡控制，每道的浸泡时间；最后，形成智能工夫茶机（Smart T-Master）算法表（见表 3-4）。

表 3-4　乐泡智能工夫茶机冲泡算法定义法　　　　　　　单位：s

冲泡模式/道数	第01道	第02道	第03道	第04道	第05道	第06道	第07道	第08道及以后
Mod A1	0	0	0	0	0	0	0	5
Mod A2	0	0	0	0	0	0	5	10
Mod A3	0	0	0	0	0	5	10	15
Mod A4	0	0	0	0	5	10	15	20
Mod A5	0	0	0	5	10	15	20	25
Mod A6	0	0	5	10	15	20	25	30
Mod A7	0	5	10	15	20	25	30	35
Mod A8	10	10	15	20	25	30	35	40
Mod B1	15	0	5	10	15	20	25	30
Mod B2	15	5	10	15	20	25	30	35
Mod B3	20	0	5	10	15	20	25	30
Mod B4	20	5	10	15	20	25	30	35
Mod B5	25	0	5	10	15	20	25	30
Mod B6	25	5	10	15	20	25	30	35
Mod B7	30	0	5	10	15	20	25	30
Mod B8	30	5	10	15	20	25	30	35

1. 工夫泡的第一道，前面是泡茶时间，后面为出茶时间。上面图表中第01道—第99道，表示该道的泡茶时间。
2. 两道工夫泡之间的时间，称为驻停时间。系统会自动记录驻停时间，并减少后一道的泡茶时间。
3. 系统也会自动根据实际泡茶时间的长短，调整出茶时间。

2. 乐泡冲泡武夷岩茶的应用

　　武夷岩茶具有丰富的香气和醇厚的滋味，每个品种有自己独特的风味与魅力，不同焙火程度造就了不同的风格。因此，在用泡茶机冲泡时，如何精准掌握温度、浸泡时间、冲水量等因素非常关键。在温度控制方面，乐泡智能泡茶机能快速将水烧至100℃，旋流注水和出汤同步进行，这样就能保证恒温的沸水持续对茶叶进行浸泡提取，从而有利于愉悦的高沸点香气物质的析出。大师杯可装完整条索的岩茶 4 g，水温选择 90～100℃，选用工夫泡 ModA5～A7 模式，可冲泡 4～7 道，每道冲泡出的茶汤比较稳定，滋味和香气表现的平衡性较好。

经过对比使用以及专业茶人的饮用品评，发现乐泡智能工夫泡茶机能冲泡出稳定且品质好的茶汤。张天福先生曾对乐泡茶机给予"中国茶人，百年梦想"的褒奖；原中国茶叶博物馆馆长王建荣做出"乐泡冲泡效果堪比专业茶艺师"的评价；著名茶叶品牌策划人罗军盛赞乐泡产品为"中国价值，国际效率"。

3. 人机泡茶大战

2020 年 5 月 13 日，在武夷山香江茗苑举办了一场别开生面的人机泡茶比赛（见图 3-36）。比赛选用曦瓜大红袍、正山堂正山小种和金骏眉进行茶艺师冲泡与乐泡茶机冲泡的对比，每款茶冲泡六道，每两道茶汤合并分给评委们评定优次，评分规则：色泽 0～20 分，香气 0～40 分，滋味 0～40 分，然后按总分排名。比赛结果如表 3-5 所示。

表 3-5　人机泡茶大战结果（冲泡茶品：曦瓜大红袍）

专业 评委	一号茶艺师	二号茶艺师	乐泡茶机	三号茶艺师
1 号评委	87.67	88.67	88.00	84.00
2 号评委	84.50	86.67	86.33	86.50
3 号评委	93.17	89.67	89.50	86.67
4 号评委	94.33	94.67	90.33	88.33
5 号评委	89.00	92.33	86.67	90.67
6 号评委	88.33	88.33	85.67	87.33
7 号评委	68.33	70.00	53.33	43.33
8 号评委	80.00	81.67	65.00	66.33
平均（去最高分和最低分）	87.11	87.89	83.45	83.19

图 3-36　人机泡茶大战图集

　　虽然比赛结果显示乐泡茶机并没有获得第一名，但从分数上来看，与排名前列的茶艺师的分数差距较小，能冲泡出品质较好且稳定的茶汤。评委、教授级高级工程师张士康说："这是对茶行业固有模式的探索创新，对此我十分支持。我觉得智能泡茶机与茶艺师不能互相替代，二者代表不同的消费诉求，并不矛盾。"乐泡品牌创始人叶扬生说："今天的比赛证实了乐泡茶机的冲泡效果已经跻身专业茶艺师之列；后续我们将通过算法的优化和参数的配置，快速迭代进化。"咖啡机的出现促进了咖啡市场的快速发展，在未来，便捷的泡茶机同样也能促进茶叶市场的繁荣发展。

三、岩茶色香味的鉴赏

茶好也要遇上懂茶人方能被欣赏，在此根据岩茶的基本特性探讨鉴赏岩茶的要点。

1. 观色

茶的色泽包括干茶色泽、茶汤色泽和叶底色泽。岩茶干茶显青褐或乌褐，好茶色泽润且均匀。茶汤颜色受焙火程度影响大，火功轻的岩茶汤色呈金黄或较深的黄色，中等火功的汤色呈橙黄色或深橙黄，高火功的汤色为橙红、深橙红或褐红，故不能依据茶汤颜色的深浅来判断品质的好坏。汤色的清澈明亮度才是好茶的标准，浑浊、暗淡无光都是弊病的表现（见图3-37）。岩茶是部分发酵茶，故叶底呈现出"绿叶红镶边"，做青到位的岩茶其叶底的"绿"表现为"明亮的黄绿色"，"红"是"朱砂红"，若是火功高的茶，其叶底颜色也较深，为褐色，不易看出其红边，叶表有"蛤蟆背"。

图3-37　观汤色

2. 闻香

岩茶的香气包括干茶香、冲泡时的香气和叶底香。干茶香是指冲泡前的茶叶香气，将茶叶投入烫热的盖杯并摇动盖杯两三下，然后嗅闻干茶香。干茶香一般可以初步判断茶叶有无弊病，如有无异杂味、是否吸潮、有无陈味等，对评定茶叶品质优劣的影响不是很大。在品饮时重点鉴赏冲泡时的香气，可表现为杯盖香、水中香和杯底香：杯盖香（见图3-38）是指茶叶浸泡在水中时揭盖嗅盖底散发出的香气，出汤后也可闻杯盖香，闻杯盖香是鉴赏武夷岩茶香气的纯正、特征、香型、高低和持久的重要方式；水中香是指茶汤在口腔中弥漫出的香气；杯底香（见图3-39）是指杯中茶汤饮尽后或茶海中茶汤倒出后余留的香气，也称挂杯香。杯盖香、水中香和杯底香均纯正、持久者为优质岩茶的表现。叶底香是指茶叶冲泡多次后叶底散发的香气，品质好的武夷岩茶经多次冲泡后叶底仍有明显花果香、木质香或清甜气息。

图3-38　闻盖香　　　　　　　　　　　　图3-39　闻杯底香

　　乌龙茶以其迷人的花果香闻名于世，作为乌龙茶代表之一的武夷岩茶具有独特的香气魅力，香型丰富，气息厚重。武夷山茶树品种丰富，每个品种都有自己独特的香气表现，所以香气成为大家辨别品种的一个重要方面，如水仙的兰花香、肉桂的桂皮香。岩茶常见的香型有花果香（兰花香、水仙花香、桂花香、栀子花香、雪梨香、水蜜桃香等）、桂皮香、花粉香、奶油香、特殊的丛味等。懂岩茶之人常用"香气芬芳馥郁，具幽兰之胜，锐则浓长，清则幽远"来形容岩茶香气的质感："锐则浓长"是指香气闻起来非常浓郁霸气，所有的香气成分好似拧成一股绳钻入我们的鼻腔直达脑门，久久占据你的感官；"清则幽远"是指香气闻起来幽细清高，绵绵不绝，似初见平凡后渐感内涵底蕴深厚之人。

3. 品味

在武夷山的每个茶桌上都能听到啧啧有声的啜茶声，看似不雅，实则是技术与享受的过程，太幽雅地品饮岩茶是不够味的，岩茶茶汤入口后直接吞咽和在口腔舌面舞动后再吞咽的感觉是完全不一样的。啜茶的方法是茶汤吸入口腔后不立即吞咽，含在口腔然后通过喉咙用力吸气与放松让茶汤在舌面舞动，即可充分感受到岩茶的鲜、醇、香、活，吞咽后还有齿颊留香之感（见图3-40）。

岩茶的内含物丰富，故滋味具有一定浓度和厚度，品饮时能体会到不同程度的刺激性。林馥泉先生认为："岩茶之佳者，入口须有一股浓厚芬芳气味，入口过喉，均感润滑活性，初虽有茶素之苦涩味，过后则渐渐生津，岩茶品质好坏几乎全部取决于气味之良劣。"姚月明先生认为，岩茶茶汤都带有一定程度的苦涩感，这是由茶汤中咖啡碱（咖啡因）、茶多酚等内含物较丰富所决定的，在品饮时要注意区别苦涩感在口腔出现的部位与停留时间。舌面略感苦涩属于正常现象，能很快回甘，此种是岩茶滋味好的表现，舌根下面的苦是真苦，不易消除；舌两侧的涩感属于轻微程度的涩，是茶汤正常的刺激感，能较快回甘，两颊的涩为中度涩，回甘较慢，齿根及嘴唇的涩谓之"麻"，停留时间长，不易回甘，是劣质茶的表现。岩茶的"回甘"有饮后很快生津的

图3-40　品味

回甘，也有不易察觉的回甘，这种不易察觉的回甘表现为品饮岩茶后喉咙开阔、舌齿清甘，喝白开水都是甜的感觉，非常舒服。

品饮武夷岩茶要注重感受滋味的"厚薄"，姚月明老先生在谈论茶汤滋味的时候曾说过："淡非薄、浓非厚。"（见图3-41）这就要我们认真体会每一口茶汤所带来的味觉体验。茶汤的厚薄与茶汤的浓淡是两个概念：厚是指茶汤入口后口腔有饱满愉悦的感受，并能余味悠长，薄是指茶汤入口后口腔没有饱满充实的感受，茶味也很快消散；浓是指茶汤入口后口腔会感受到有刺激性，淡则没有。有些山场好的茶，冲泡多次后茶汤浓度较小，入口比较淡，但口腔仍有饱满愉悦感，且有齿颊留香之感，这就是"淡而不薄"；而有些外山低海拔的茶，前两泡茶汤入口较浓，但茶味消散快，这就是"浓而不厚"。

品味武夷岩茶，体会其独特的"岩韵"是一个循序渐进的过程，品味武夷岩茶不能只围绕茶桌转，还要去转转武夷的山水，才能明白何谓"武夷山水一壶茶"。

图3-41　姚月明先生所写"淡非薄　浓非厚"

第三节　武夷岩茶游学设计与体验

初识岩茶的人士，多半觉得其浓苦而已；资深的人士，则深知武夷岩茶的奥妙。

清代袁枚在《随园食单·茶酒单·武夷茶》中写道："余向不喜武夷茶，嫌其浓苦如饮药。然丙午秋，余游武夷，到幔亭峰、天游寺诸处，僧道争以茶献。杯小如胡桃，壶小如香橼，每斟无一两，上口不忍遽咽，先嗅其香，再试其味，徐徐咀嚼而体贴之，果然清芬扑鼻，舌有余甘。一杯以后，再试一二杯，令人释躁平矜，怡情悦性。始觉龙井虽清，而味薄矣；阳羡虽佳，而韵逊矣。颇有玉与水晶，品格不同之故。故武夷享天下盛名，真乃不忝，且可以瀹至三次，而其味犹未尽。"袁枚从不喜武夷茶到高度赞誉武夷茶，也说明品鉴武夷岩茶需要功夫，方能渐入佳境。

"岩韵"又称岩骨花香，由山场、工艺及品种三要素交互作用形成，是武夷岩茶品质的一种综合呈现，一般有强弱之分。现有的武夷茶商品名如"空谷幽兰"呈现的就是一种综合的品质，而非山场等局部要素。通过一杯岩茶感知岩骨花香，识得杯中山水。在学习方法上可通过岩茶理论知识的学习，结合武夷岩茶审评与品鉴、走进茶区茶企等方式拓展对武夷岩茶的认知。

一、武夷岩茶理论知识框架体系的构建与学习

茶学是研究茶树生长、发育规律与环境条件的关系及其调控途径，茶叶品质形成机理与工艺条件的关系及其调控方法，茶的活性成分功能及其功能化开发，茶产业中经济关系发展和经济活动规律的学科。茶学主要涵盖三个范畴：自然科学、经济学和文化学。茶学的自然科学范畴涉及茶树种植、茶叶加工、茶叶检测与审评、茶的综合利用、茶医药和保健等。茶学的经济学范畴涉及茶企业的经营管理、茶业经济、茶馆经营管理等。茶学文化学范畴涉及茶艺、茶的历史、茶的文学、茶的宗教、哲学、茶俗等。茶学的自然科学、经济学、文化学范畴三者相互联系，自然科学范畴是后二者的物质基础和科学原则，经济学范畴为茶学的发展提供经济基础和可持续发展的动力，文化学范畴则是茶学发展的高级形态，其内涵和意义是巨大的。

基于茶学学科的框架体系，构建武夷岩茶理论知识框架，对于学习武夷岩茶能起到事半功倍的效果。具体可以设计武夷岩茶的历史、栽培、品种、加工、审评、茶艺、经济等专题的学习（见表3-6）。

表3-6 武夷岩茶专题理论知识学习纲要表

序号	专题理论知识名称	学习内容	重点掌握知识要点
1	武夷茶文化	武夷茶文化与历史	武夷茶的起源与发展、武夷茶文学、武夷茶的饮用历程、茶具文化、现代茶文旅产品等内容
2	武夷岩茶的栽培与种质资源	武夷岩茶的生态与环境、茶园种植与管理、茶树种质资源等	武夷名丛及优良品种的性状特征、武夷岩茶传统耕作法及现代茶园管理方法、武夷山生态环境对茶树生长的影响等内容
3	武夷岩茶的加工	武夷岩茶的加工原理、加工工艺及技术要点等	武夷岩茶的采摘标准、武夷岩茶的初制与精制、加工工艺对品质的影响等内容
4	武夷岩茶的审评	武夷岩茶的品质特点与成因	武夷岩茶品质的成因分析，武夷岩茶不同品种、不同山场、不同火功、不同年份的感官品质特征等内容

序号	专题理论知识名称	学习内容	重点掌握知识要点
5	武夷岩茶的茶艺	如何泡好一杯武夷岩茶，如何享受武夷岩茶之美	武夷岩茶的冲泡技艺，对茶、水、器、境、艺、品不同要素的理解等内容
6	武夷岩茶的经营	武夷岩茶的经济学、管理学知识	武夷岩茶的品牌建立、市场营销、供应链管理、茶馆经营模式，武夷岩茶的发展趋势等内容

二、武夷岩茶感官品质的认知与学习

由于个体对武夷岩茶认知的差异，学习武夷岩茶的过程一般会历经三个阶段：香、韵、陈。"香"指的是岩茶的品种香与工艺香，在体会岩韵的初阶主要是识别香。"韵"指的是岩茶汤感的厚度与韵味，为体会岩韵的第二境界。"陈"指的是因时间造化所产生的馥陈，为体会岩韵的第三境界。武夷岩茶的感官品质认知学习可以设计代表性的主题。

1. 纵向识别法

设计的主题（见图 3-42，图 3-43）如同一山场不同品种茶（水仙、肉桂、大红袍、名丛、高香品种）的审评与品鉴（见表 3-7）。

表 3-7 同一山场（马头岩）不同品种的品质特征

序号	品种	外形	汤色	香气	滋味	叶底
1	水仙	条索壮结带乌润、匀净	橙红明亮	兰花香	醇厚	软亮，绿叶红边，叶基部宽扁黄
2	肉桂	条索紧结乌润、匀净	橙黄明亮	桂皮香明显	醇厚	软亮，绿叶红边
3	大红袍	条索紧结乌润、匀净	橙红明亮	粽叶香、辛香、桂花香	醇厚	较软亮，绿叶红边
4	雀舌	条索紧实乌润、匀净	橙黄明亮	花粉香	醇厚	软亮，绿叶红边，叶缘锯齿明显

（续表）

序号	品种	外形	汤色	香气	滋味	叶底
5	瑞香	条索紧结青褐、匀净	金黄明亮	果香	较醇厚	软亮，绿叶红边

图 3-42　武夷岩茶品种主题的包装

图 3-43　武夷岩茶品种主题的汤色

2. 横向识别法

设计主题（见图 3-44，图 3-45）如同一品种茶不同山场（外山、半岩、正岩）的审评与品鉴（见表 3-8）。

表 3-8　不同山场的肉桂品质特征表

序号	山场	外形	汤色	香气	滋味	叶底
1	外山	条索较紧结、青褐、匀净	橙黄	花香	醇和	软亮，绿叶红边显
2	半岩	条索紧结、青褐、匀净	深橙黄	桂皮香明显	醇厚、岩韵较明	软亮，绿叶红边显
3	正岩	条索紧结、青褐、匀净	橙黄明亮	花果香、桂皮香、馥郁辛香	醇厚、岩韵明显	软亮，绿叶红边显

外山　　　　　　半岩　　　　　　正岩

图 3-44　不同山场肉桂的干茶

外山　　　半岩　　　正岩

图 3-45　不同山场肉桂的汤色与叶底

3. 火功识别法

设计主题（见图 3-46，图 3-47）如同一品种茶不同火功（轻火、中火、中高火）的审评与品鉴（见表 3-9）。

表 3-9　不同火功正岩大红袍品质特征表

序号	火功	外形	汤色	香气	滋味	叶底
1	轻火	条索粗壮、青褐、匀净	金黄、较明亮	花香高	醇爽、岩韵明	黄绿红边明显、软亮
2	中火	条索肥壮紧结、乌褐、匀净	橙黄明亮	花香甜	醇厚、岩韵明	较柔软、蛤蟆背显
3	中高火	条索紧实、乌润、匀净	橙红明亮	果香，火功香	醇厚、岩韵明	稍硬、蛤蟆背明显

轻火　　　　中火　　　　中高火

图 3-46　不同火功大红袍的干茶

轻火　　　中火　　　中高火

图 3-47　不同火功大红袍的汤色与叶底

4. 陈茶识别法

设计主题（见图3-48，图3-49）如同一品种茶不同年份（新茶、陈三年、陈七年、陈十年等）的审评与品鉴（见表3-10）。

表3-10 不同年份水仙品质特征表

序号	年份	外形	汤色	香气	滋味	叶底
1	2019	条索较紧结、青褐、匀净	金黄明亮	兰花香	醇厚	肥厚软亮
2	2015	条索紧结、乌润、匀净	橙红明亮	陈香较显、兰花香	醇厚微酸	较软亮
3	2010	条索紧结、乌润、匀净	橙红明亮	陈香明显、花香	醇厚爽滑、酸感较显	较软亮
4	1987	条索紧实、乌黑、较匀	红浓	陈香、参香	陈醇	较软亮

2019年　　2015年　　2010年　　1987年

图3-48 不同年份水仙的干茶

2019年　　2015年　　2010年　　1987年

图3-49 不同年份水仙的汤色与叶底

三、走进武夷岩茶茶区与茶企体验学习

为了更好地认知岩茶的地域特性、工艺特征与品质之间的关联，可带领岩茶爱好者走进茶山和茶企亲身体验学习。具体方案上可以设计走进武夷茶山、参观茶企车间以及实地品鉴武夷岩茶、考察品种园、茶主题民宿体验、举办户外茶会等。近年来，武夷岩茶游学活动对武夷岩茶的宣传与推广起到了积极的作用。

1. 走进武夷山核心茶山

通过走山（见图 3-50—图 3-52），观察茶园生态环境，认识武夷岩茶山场特点，进而了解武夷岩茶山场特点与武夷岩茶品质之间的关联。武夷山核心茶山以峰奇、水秀、谷幽、壑险的丹霞地貌而驰名海内外，以三坑两涧（牛栏坑、慧苑坑、大坑口、流香涧、悟源涧）最为著名，土壤绝大多数为火山砾岩、砾质砂岩、砂质页岩及页岩风化所成。正如陆羽《茶经》称"上者生烂石，中者生砾壤，下者生黄土"，烂石为武夷岩茶提供了良好的土壤条件。武夷山山岩谷地涧水长流，土壤透水性好，水热条件优越，茶树在大量漫射光照射下，茶芽生长旺盛，内涵丰富，正所谓"臻山川精英秀气所钟，岩谷坑涧所滋，品具岩骨花香之胜"。

图 3-50　武夷山风景区茶山

图 3-51　走进武夷山茶园

图 3-52　武夷山天游峰

2. 参观武夷山茶树品种园

通过认识武夷岩茶不同品种（见图3-53）的植物学性状，进而加深对武夷岩茶品种多样性的认识。武夷山茶树种质资源众多，不同品种具有不同的生长特征，为武夷岩茶品质的多样性和丰富性提供了基础。

清代蒋衡《采茶歌》中曾述"奇种天然真味存，木瓜微醊桂微辛"。讲述的是当时武夷岩茶不同种质的独特个性。武夷岩茶现有茶树种质资源中，当家品种有武夷肉桂和福建水仙（见图3-54），素有"香不过肉桂，醇不过水仙"之说。除此之外，武夷岩茶种质资源还有纯种大红袍、名丛及其他品种，每一个品种都具备独特的个性。武夷学院茶树种质资源圃是武夷山现有茶树品种最多的品种园。

图 3-53　武夷学院茶树种质资源圃

图 3-54　武夷学院茶树种质资源圃水仙品种

3. 走进武夷山茶企

通过走进茶企，可了解武夷岩茶品质的形成过程，体会加工工艺与岩茶品质间的关联。武夷岩茶的品质特征与其加工工艺密不可分，武夷岩茶制作工艺包括鲜叶采摘→萎凋→做青→炒青→揉捻→烘干→毛茶→归堆→拣剔→分筛与风选→拼配→烘焙→精茶→入库等工序（见图3-55—图3-57）。

在学习武夷岩茶加工工艺的基础上，可参与茶企举办的武夷岩茶品鉴会（见图3-58），体验者与武夷山制茶师、茶艺师面对面地品鉴与交流，从而更加深入探究武夷岩茶的奥秘。

图 3-55　武夷岩茶综合做青机

图 3-56　武夷岩茶双层式做青机

图 3-57　武夷岩茶手工做青水筛图

图 3-58　武夷山茶企举办的武夷岩茶品鉴会

4. 入住茶主题民宿酒店

通过入住武夷山代表性茶主题民宿酒店（见图3-59—图3-62），体验武夷茶生活，从而更好地认知和感受武夷山茶文化，领略武夷岩茶的独特魅力。

图3-59　一同山居茶印象美学酒店茶室

图3-60　一同山居茶印象美学酒店客房

图3-61　一同山居茶印象美学酒店客房

图3-62　一同山居茶印象美学酒店庭院

本章图片均由武夷山丹苑茶叶有限公司、武夷山一同山居茶印象美学酒店以及叶扬生、陈百文、刘仕章、林婉如、王秀琴提供。

第四章 武夷岩茶的茶艺

· 茶席与茶空间设计

· 武夷岩茶基础茶艺

· 武夷岩茶主题茶艺

茶艺是"茶"与"艺"的有机结合，根据岩茶的日常冲泡技法、品饮习惯等，在遵循一定的茶道美学和文艺美学的基础上，使武夷岩茶的日常品饮进入人文化、艺术化的审美境地，从而赋予茶更强的灵性与美感，最终实现物质与精神的完美结合。

图 4-1　武夷山三才峰

碧水丹山（见图 4-1）孕育了武夷岩茶的生命，坑涧沟壑赋予了武夷岩茶精魂，无人的山谷之中，陡峭的悬崖之上，铿然一叶，馥郁香醇了好几个世纪。事实上，武夷岩茶的迷人之处，并不仅仅在于其"岩骨花香"的香味彰显，更在于茶中所蕴藏的文化特质与审美魅力，而这种从物质到精神的过渡与定格则需要茶艺来加以表现和提炼。

第一节　茶席与茶空间设计

一、何为茶席

席，在《现代汉语词典》(第七版）中解释为"用苇篾、竹篾、草等编成的片状物，用来铺坑、床、地或搭棚子等"，"茶"与"席"连用，最早见于《文苑英华》卷二百四十六李洞所作《和兵部永崇侍郎勾筵茶席》诗题中。严格意义上的茶席始于我国唐朝，至宋代，茶席不仅置于自然之中，宋人还把一些取型捉意于自然的艺术品设在茶席上，而插花、焚香、挂画与茶一起更被合称为"四艺"，常在各种茶席间出现。另有宋徽宗赵佶所画《文会图》（见图 4-2）。《文会图》具体描绘了北宋时期文人雅士品茗雅集的场景之一。

明代茶艺行家冯可宾的《茶笺·茶宜》更是对品茶提出了十三宜：无事、佳客、幽坐、吟咏、挥翰、徜徉、睡起、宿醒、清供、精舍、会心、赏览、文童，其中所说的"清供""精舍"，指的即是茶席的摆置。

"茶席"一词，在域外的使用情况也较为普遍，但意义所指各有差异。日本的茶席并非本书所指，其多是"本席"之意，"茶席"即茶屋。在日本，举办茶会的房间称茶室、茶席或者只称席。韩国也有"茶席"一词，指的是桌上摆放的各种茶果及点心，亦非本书所指的"茶席"。近年在我国台湾，

图 4-2　文会图（局部 〔北宋〕赵佶）

"茶席"一词出现颇多，但也多指茶
会。现代茶席设计概念的出现，最
早见于乔木森先生于 2005 年编著的
《茶席设计》一书。书中将"茶席"
定义为"以茶为灵魂，以茶具为主
体，在特定的空间形态中，与其他的
艺术形式相结合，所共同完成的一个
有独立主题的茶道艺术组合"。显然，
这是从一个具象的艺术化角度提出的
观点，这种观点近年来也得到了学术
界的认可。

　　传统意义上的茶席，可以根据其

图 4-3　茶店一角（丰子恺　漫画）

主要目的和功能的不同划分为两大类。一类是实用型茶席，第一要务是为冲泡品饮服务，美学要求不太高；一类是精美型茶席，以追求最佳审美效果为主要目的，但同时也必须满足品饮实际的需要。

二、茶席设计

茶席是茶空间中的重要组成部分，通过茶、水、器、境、人等诸多要素相互融合、互相衬托，以成全我们对美的追求以及情感的表达与呈现。茶席的产生与发展受饮茶发展、社会经济、民族意识、时代文化等诸多因素的影响。东方人性情稳重内向、委婉含蓄，艺术境界寓意隐含，受儒家思想影响较深，其影响在茶席的创意与表现手法都有表现。由于人的生活和文化背景以及思想、性格、情感表达等方面的差异，在进行茶席设计时可能会选择不同的构成元素组合。

在一般情况下，茶席设计所包含的内容包括茶品、茶具、茶席台面及铺垫、空间环境（插花、焚香、挂画、茶点、工艺品、背景）等构成因素。茶席设计以茶为灵魂，以茶具为主体，是在特定的空间形态中，与其他艺术形式相结合，所共同完成的一个有独立主题的茶道艺术的组合整体。在茶席设计中，我们需要结合茶席的实用性和艺术性，在动态和静态中表达茶席的美感。

现代茶席的风格亦可以用真、善、美、圣这四个字来加以概括。

自然之"真"。传统的东方民族酷爱自然、崇尚自然，对自然之美景有着独特的审美情趣和审美观点，讲求"物随原境""融于自然"（见图4-4）。

传统的茶席要求席主深入观察和了解自然之境和自然山水的美丽景色，思考其美之所在与其美之精华，融入个人的情感与审美，并在此基础上加以提炼和表现，使作品展现出充沛的自然生命力和美感，具有能震撼人心灵的感染力。

人文之"善"。中国文化受儒家思想影响极深，以"善"为宗旨，以自然

图 4-4　物随原境茶席设计

平和为美。在这种文化思想的指导下，人们对茶席也赋予了美好的象征含义，让茶席在人们的生活中扮演传播美的角色，营造一种含蓄和谐的氛围，托物言志、借景抒怀，给作品赋予某种命题，使作品展现出一种特定的意境。

艺术之"美"。素材美，选用茶器精美；布局美，富有层次和韵律；色彩美，整体色调统一和谐；造型美，为主题服务，不拘于规则的造型摆设；构思美，具有诗情画意；整体艺术美，整体综合艺术效果强。

"圣"洁之尊。茶是天涵地蕴的灵物，至清至洁，艺术创作亦是神圣的，以茶悟道，修身养性，使布茶席也有一种神圣感，讲求"心正席正"，进而"席正心正"，以自然之美来正人之心态、怡情娱趣。

1. 茶席中的平衡与稳定

茶席的设计讲求平衡之道，席布与茶器的颜色、尺寸和材质，以及物品的摆放顺序与位置等均需要合理调配，还要注意与整体空间的协同性，这样才能使整个席面各部分、各要素之间显得比例更为协调，从而使茶席达到稳

图 4-5　案例茶席

图 4-6　茶席稳定与平衡

定的视觉审美效果,而不致让观赏者产生突兀的心理感觉。图 4-5 给人的感觉是头重脚轻,有煮水器的一头重而另一头轻,因而会影响观赏者的心情。因此,按照图 4-6 将器皿摆放进行调整,重器平衡于左右两边就能达到视觉与感觉上的稳定。

茶席是静止的,具有平衡安静的美;茶席又是动态的,拥有多变灵动的美。在茶席的整体设计上,或可借鉴中国古代书法、绘画的审美理念和布局法式,将虚与实、刚与柔、藏与露等手法借鉴并融入茶席设计之中,使之更具审美内涵与意蕴,在造型、色彩、布局等诸多层面更显平衡与稳定。

2. 茶席中的多样与统一

茶席设计的另一原则是多样性的统一。茶席是由众多单一元素构成的统一整体,在茶席设计上,各单一元素都有它存在的角色定位与价值意义,但在诸要素排列组合之时,却需要有主从之分,否则喧宾夺主,就使整个席面显得凌乱无序,找不到观赏的中心点,影响茶席的审美效果。例如,图 4-7 中所示茶席运用的元素多,材质多样,图案复杂,在布置茶席时对选取的多

图 4-7　案例茶席

种元素没有进行协调统一，因而给人感觉较杂乱无序。图 4-8 中，将茶席中的多样元素如颜色、材质等都进行了精心设计，给观赏者感觉茶席整体协调而统一，令人见之心情愉悦。

茶席的构图之美重在茶席布局中心位置的确立，设计者在依据席面比例确定中点之后，茶器等各物品的摆放均应该围绕此中心点来统筹安排构图，茶器注意主次之别，不可任意放置。茶席的中心点和茶器的主次确定之后，各单元要素间的摆放顺序也应该合理配置，各要素要紧紧围绕席

图 4-8　案例茶席

面中点，按照茶席的实际功用、设计的审美理念和可能呈现的镜像，并在遵循连贯性、逻辑性和秩序性原则的基础上，加以布置，将原本由各部分单独表现和传达的审美内质通过设计者的重新选择与组接，条理清晰，形成统一的美。

3. 茶席中的比例与尺度

茶席中的比例和尺度之间的关系在茶席设计中显得尤为重要，合适的比例与尺度能够带给茶席欣赏者舒适的视觉效果与审美愉悦。茶席中的比例与尺度主要表现在色彩和色彩之间面积所占比例的大小，以及器物和茶席之间整体造型的和谐舒适程度。例如，图 4-9 的茶席中滓方所占空间位置以及色彩过于抢眼，品茗杯紧密的排列方式，不仅会影响美观，而且不便于茶艺师操作。将滓方换成体积较小的，并藏于煮水器之后，使其存在感减弱，再调整品茗杯的摆放位置，整个茶席看上去就更舒适了，如图 4-10 所示。

茶席上的主要茶器，如主泡器、品茗杯等，所占的比例和色彩份额可适当增加。非主要的茶具，如茶荷、茶罐、滓方等的尺寸和色彩要服从大局，不能太抢眼。体积上可以尽量缩减器具的体量，减少它们在茶席上的比例和面积。若茶桌面积较小，可将煮水器及水壶另设矮几安置。

图 4-9　案例茶席　　　　　　　　　　图 4-10　茶席设计比例与尺度

4. 茶席中的对比与调和

茶席设计中，色彩美学的调试运用也是设计者经常要关注的地方，不同类别、明亮度、饱和度的色彩在按一定比例搭配之后，其呈现的茶席美学效果有很大的不同。茶席中的色彩在对比、调和中才能更加凸显，将两种、三种乃至多种色彩进行合理搭配，能使整个茶席在视觉上给人以有层次又不会眼花缭乱的感觉。若将不同饱和度与明亮度的色彩并列放置，则可清晰看出二者差异；两种或多种色彩之间越是补色的关系，则对比效果越明显。茶席设计时应该选择对比强度相对较弱的色彩加以合理搭配，要求各色彩类别、明亮度、饱和度、对比度和补色呈现效果能够互相调和、交融。如图4-11所示，在色彩与色彩之间精心设计，不同色彩相互对比、过渡、衬托，方能显示出茶席设计的审美要求。

图4-11　茶席设计中的过渡与衬托

茶席视觉平衡感与稳定性的获取常常需要在席面的整体设计上加以调试，按照一定比例、面积来达到预期的舒适效果。图4-12中的两种色彩饱和度都较低，给人以沉重的感觉，从而会影响观赏者心情。图4-13中的茶席，底布是深而重的颜色，搭配

图4-12　茶席案例

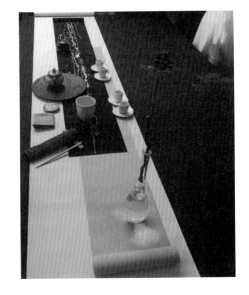

上白色以及明亮的黄色，给人眼前一亮的感觉。设计者为了减弱黄白搭配的席面与深色底布不协调的视觉效果，在其上搭配了与底布同色系的一块面积恰当的黑色席布，缓冲了大范围黄色与白色带来的突兀效果。与此同时，用白色颜料在黑色席布上精心绘制图案，既降低了黑色的沉重感，又为整个茶席增添了明朗活泼的节奏感，同时白色颜料与茶席上的其他色彩相呼应，整体色彩调和、明快、舒适、愉悦。

图 4-13　茶席案例

5. 茶席中的节奏与韵律

茶席的设计对于线条的运用也相当考究，如美国著名画家布克夫所言："凡是带有横向线势构图的画面，通常暗示安闲、和平和宁静。圆形通常与娴静、柔和相联系。"不同的线条具有不同的美感特征和审美内涵，线条的使用可以使茶席极具节奏感和韵律美。横向本身具有极强的视觉表现力，能够赋予茶席动感，使之具有向前后、上下延伸的空间和余地，从而使茶席设计构图更显生机、有活力，对于情感的传达也更为准确。圆弧形构图则在视觉和心理上给观赏者一种圆融、柔和的情感表达。茶席设计中，茶杯之间的组合间距是否合适，其与整个席面的配置章法是否合理等，对于茶席画面构图的呈现都有影响。茶器组合之间疏密有致的排布，不仅能使茶席整体构图更具形式美，也能增强茶席的韵律美和节奏美。

如图 4-14 所示，不同品茗杯的摆放方式，能带给观赏者不一样的感官效果。直线的直接率性、弧形的优美包容、折线的跳跃明快、三两摆放的闲

图 4-14　茶席设计中的节奏与韵律

适疏朗，都给人以不同的体验。

6. 茶席中的层次与虚实

茶席的布置需要有层次感，茶器之间错落有致、参差不齐、高低起伏、摆放合理。正如袁宏道在《瓶史》中对插花的描述一般："插花不可太繁，亦不可太瘦……高低疏密如画苑布置方妙。"在茶席设计中，也要注意茶器之间高低、远近、疏密、明暗等空间层次的构建（见图

图 4-15　茶席设计中的层次

4-15）。如果茶席上的茶器布置"平铺直叙"，没有合理的安排，没有高低变化，这个茶席便会显得呆板单调。

茶席间还应注意虚实结合（见图 4-16），煮水器、泡茶器、茶杯、插花、席布、滓方、茶仓等，一器一物，构成茶席的"实"。茶席的虚则通过茶席的无限意境加以表达。同时，茶席的"虚"也表现在茶席的留白与疏密协调上。茶席的留白是构图中需要重点思考的构成因素，留白的空间大小、位置多少、聚散呼应等都能带给人不同的感受。自然界的光与影也是茶席上重要的一笔，或竹影婆娑，或光影摇曳，都能增加茶席的虚实感、空间感。从窗棂的缝隙间透出或从植物的斑驳里穿梭而过的光源投射在茶汤中或茶席上，增加了茶席的诗意、动感和明暗的层次，让茶席变得丰富而有趣味。

图 4-16　茶席设计中的虚实结合

古人有花看水影、竹看月影、美人看帘影的审美情结，这种转换与虚实之间的"隔"，恰恰把画面带入一种无限遐想中，把有限变为无限。在茶席设计中，我们应尽可能地用好"隔"的概念。例如，茶席上的插花，如过于鲜艳夺目，可以挂一半透的竹帘，使其花韵隐隐透出。如果是晚上举办的茶会，可燃以红烛，用微弱的烛光去弱化周边环境对茶席可能造成的影响，同时，烛影摇曳，恍若梦境，倍添茶席的韵致和光影的层次感。

三、茶空间的分类

按照茶席的分类，我们对茶空间进行一次归类。一类是纯粹实用功能的茶席，搭配朴实的空间效果，谈不上高级的审美。以大多数传统民间生活中的茶空间为例，一张桌子，几只粗瓷大碗，以市井喧嚣或郊区野趣为背景，倒上几杯清茶，聊上几句闲语，倒也颇有意趣。显而易见，这是一种特别讲究实用的茶空间，没有华美的装饰，没有精致的陈设，但这又是一幅不一样的人间烟火，在这样的茶空间中，一切外来的装饰反而显得多余：置身于人声鼎沸的街市，耳边传来忽远忽近的吆喝声，眼前是简单的一张四方桌，桌上茶具古朴简陋，似乎不登大雅之堂，但其间洋溢的浓浓的人情味却受到一辈又一辈人的青睐。这种简单的泡茶喝茶方式贴近社会、贴近生活、贴近百姓，即便在生活条件不断得到改善和提高的今天，仍然不失为一种重要的饮茶方式。

另一类茶空间在具备实用性的基础上，注重与美学的结合，将茶席与空间做融合。明代黄龙德在《茶说》中，提及了茶席空间的四时之美："若明窗净几，花喷柳舒，饮于春也。凉亭水阁，松风萝月，饮于夏也。金风玉露，蕉畔桐阴，饮于秋也。暖阁红垆，梅开雪积，饮于冬也。僧房道院，饮何清也。山林泉石，饮何幽也。焚香鼓琴，饮何雅也。试水斗茗，饮何雄也。梦回卷把，饮何美也。古鼎金瓯，饮之富贵者也。瓷瓶窑盏，饮之清高者也。"以茶为灵魂，在特定的空间形态中，与其他艺术形式相结合，组合出风格明确的审美空间（见图 4-17）。

图 4-17　事茗图（〔明〕唐寅）

四、武夷山水间的茶空间

武夷山水间的茶空间设计呈现出多元化的审美特质，将武夷山当地的自然风光有效融入茶席与茶空间设计之中，或利用现代科技设备模拟、仿真武夷山水，使人、茶与自然相互交融于天地间，具有明显的地域特征。其中，或以自然之景为背景，或将废置古宅、古厝加以修整，或将古今设备结合，在以现代科技设备创造传统情境的同时，融合东西方审美元素——以这三种为典型代表，现一一举例说明。

1. 与自然之景融合的茶空间

武夷山水钟灵毓秀，具有独特的自然风韵。群山掩映，千年相望；九曲溪流，蜿蜒而下，映带左右。于此深林望野，青山绿水间，展一方茶席，汲清泉煮水，香茗待客。一人、一壶、一杯，一盏，这自然之景与茶、与人有机结合，三者成为一个整体，如此悠然闲适，自怡自得，相映成趣。

　　武夷山目前以自然之景为背景的茶席与空间设计，主要依托武夷自然风物，如武夷自然生态景区、武夷宫、遇林亭、止止庵等。将自然景观与人文景观作为茶席设计的背景元素，无处不可摆席饮茶，到达一种情、景、茶、人共处的和谐与优美境地。以武夷山林、溪涧、鸟鸣、花香等自然元素为背景的茶空间布置，有时偶遇斑驳的、跳跃的光影随性摆动、散落，自然万物似乎也拥有了生命，灵动而美妙，这就营造出人与自然、人与茶的相符相融之境，极具令人心动、向往的感观审美情韵（见图4-18）。

图4-18　山水茶空间

2. 古民居茶空间

　　怀旧、朴素、简雅等复古元素一直都受到茶空间设计者的青睐与追捧，其原因或许在于这些元素可以较为形象、直观地传达茶的意、茶的韵、茶的味，乃至饮茶人的心性。在这种理念作用下，近年来将废置古宅、古厝加以修整并重新激活利用就成为茶空间设计的一种有效实践与流行趋势。武夷废置古宅、古厝改造前存在不透光、封闭和建筑老旧等诸多问题，而古民居茶空间改造的方法、原则和路径通常是"整旧是旧，整旧似旧"，即尽可能保护、留存与复原古老建筑本身的元素和格局。

同时，古民居茶空间改造也会在一定程度上做相应的减法，只做简单修整，无须过多室内修饰，仅仅将茶席布置其间，打破传统的同时也在保存、继承传统，形成一个风格复古、质素的文人诗意茶空间，从而达到文化与建筑和谐共生的目的。传统文人饮茶空间讲求物理性质和心理状态的一致性，饮茶的居所空间环境与品茶时的心境完美契合，使身心悠然自处其间，可品茶观云，可闲庭信步，以茶为媒，连接传统与现代，才能真正凸显文人品茶的古典诗意（见图 4-19）。

图 4-19　古民居茶空间

3. 多元素融合茶空间

科技改变生活，科技也正在改变武夷山茶席与空间的设计。现代影音功放投射设备在武夷公共与私人茶空间的利用，能够将古典音乐、书法、绘画、人物、花鸟等元素置于茶空间之内，在现代性空间里创设传统情境与古典诗意。借助现代高科技设备，人们可以按照自己的茶席与空间布置理念，随心所欲地选择相应古典元素，如此一来，即使在室内也可以享受、体会到室外的明月松间、山水意境，这就为室内茶会提供了众多方便，使之不再随时间、空间、人事的变化而变化，却又可随性变化。武夷山茶空间设计在利用现代设备创设古典情境的同时，

图 4-20　多元素茶空间

也会积极引进、吸收与采用西方空间设计的审美理念与审美元素。现代西方讲究实用主义、效率至上，东方也有着独特的审美风韵，而将东方与西方两种截然不同的审美形式合璧的茶空间现今也较为常见与流行，即以西方实用主义融合东方情调，给饮茶者创造出一种兼具两种风格的新形式，给人一种全新的审美情境与用茶体验（见图4-20）。

第二节　武夷岩茶基础茶艺

茶艺除了带给人美的欣赏外，还应注重茶汤的质量，也就是研究如何将茶的特点发挥至极致，这就要求茶艺师对茶的特性、季节特点、环境特点有所把握，在茶艺动作流程中也并非一成不变，用茶艺手法的微调，减缓每一泡茶汤之间的落差，将茶之香、茶之味发挥到淋漓尽致。动作间不紧不慢，言语间不急不缓，神态间不慌不忙。茶艺活动中的礼仪动作、手法要求规范适度。放下器物时的恋恋不舍，要给人一种优雅、含蓄、彬彬有礼的感觉。在操作时讲究指法细腻、动作优美，通过一定的礼节表达对宾客的尊敬，从而也体现了行礼者的修养。

武夷学院茶艺队所诠释的武夷岩茶基础茶艺

这套武夷岩茶基础茶艺是武夷学院茶艺队成立后沿用至今的，其间不断进行调整，在武夷岩茶传统茶艺的基础上微调，形成便于学生学习传播且具有自己风格的一套武夷岩茶紫砂壶茶艺。全套共十六道，如图 4-21 至图 4-36 所示。

第一道：静心侍茶

欣赏茶艺需要静下心来，以一份安静平和的内心来迎接茶叶的洗礼。

图 4-21　静心侍茶

第二道：叶嘉酬宾

向观众展示所冲泡的茶品。"叶嘉"是苏东坡对茶叶的代称。

图 4-22　叶嘉酬宾

第三道：孟臣沐淋

用热水烫洗紫砂壶，达到提高壶温的效果，有利于茶香的散发。

图 4-23　孟臣沐淋

第四道：若琛出浴

若琛杯小、浅、薄、白，经过沸水烫洗，更显温润洁净。

图 4-24　若琛出浴

第五道：乌龙入宫

武夷岩茶属乌龙茶类，将茶叶投入紫砂壶，称为"乌龙入宫"。

图 4-25　乌龙入宫

第六道：留待初心

初心可贵，头道茶汤我们先不喝，留在公道杯中，与最后一道茶汤混合后品饮，以回味初心。

图 4-26　留待初心

第七道：春风拂面

用壶盖轻轻刮去茶汤表面浮起的泡沫。

图 4-27　春风拂面

第八道：重洗仙颜

第二次冲水，浇淋壶身，保持壶温，让茶叶的香气滋味在紫砂壶中充分释放。

图 4-28　重洗仙颜

第九道：祥龙行雨

将壶中茶汤快速均匀地依次注入品茗杯中，称为"祥龙行雨"，取其"普降甘霖"的吉祥之意。

图 4-29　祥龙行雨

第十道：凤凰点头

将壶中最后的茶汤均匀滴入各品茗杯中，紫砂壶的一起一落之间，就像凤凰在向人们点头，是对茶人的敬意，也是对茶的敬意。

图 4-30　凤凰点头

第十一道：三龙护鼎

用拇指、食指扶杯、用中指托住杯底，茶杯作鼎，既稳当又美观，称为"三龙护鼎"。

图 4-31　三龙护鼎

第十二道：喜闻幽香

武夷岩茶"臻山川精英秀气所钟，品具岩骨花香之胜"，不妨闻一闻这杯中清幽、淡雅、甜润、悠远的香气，是否比单纯的花香更令人着迷。

图 4-32　喜闻幽香

第十三道：鉴赏汤色

武夷岩茶属半发酵的青茶类，素有"绿叶红镶边"之名，茶汤呈橙黄色，清澈明亮。

图 4-33　鉴赏汤色

第十四道：静品香茗

细细品味杯中茶汤，小口啜饮，走入武夷岩茶的"香、清、甘、活"之境，杯中有山光水色，杯中有四时风景，物换星移，杯小天地大。

图 4-34　静品香茗

第十五道：不忘初心

第一道茶汤渐凉，将最后一道茶汤与之混合，将温度适口的茶汤分至杯中，以这最后一道"不忘初心"之茶，祝大家幸福美满。

图 4-35　不忘初心

第十六道：尽杯谢茶

每一片茶叶从茶树上来到茶杯中，都经历了繁复的过程，喝尽杯中茶，珍惜每一滴茶汤，以谢茶人栽制之辛苦。

图 4-36　尽杯谢茶

第三节 武夷岩茶主题茶艺

创新茶艺涵盖了自主编创主题茶艺的内容，要求茶艺师将所选用的茶品、茶具、茶席、服装、音乐曲目以及背景与茶艺主题一一对应。茶艺师除了掌握基本的茶艺技能外，还应具备基本的音乐素养以及文案写作、服装搭配、茶席设计、主题编创等能力。但是，茶艺的本质最终还是要回归到茶汤质量上，茶艺师在带给观众茶艺之美的视觉享受的过程中也不应忽视茶汤的冲泡，要根据器具、水温、现场情况等自主调整以达到冲泡过程与茶汤质量的完美结合。应培养茶艺师弘扬和传播中国优秀传统茶文化的历史使命感。

武夷学院坐落于风景优美的武夷山，立足于武夷山独特的历史与文化背景，我们武夷学院茶学系做了一系列的主题茶艺编创，其中有以当地特色朱子理学为背景表现朱子文脉传承的"绿水青山红袍香"团体主题茶艺编创；有受到当地茶叶加工拼配的启发创作的双人茶艺表演作品"'和'茶"；还有在武夷山"千载儒释道，万古山水茶"的文化背景下创作的"三教同山，茶和天下"三人茶艺表演。我们希望通过茶艺的形式宣传当地文化，让更多人了解武夷山。

绿水青山红袍香——茶艺编创

【创作背景】 武夷学院位于风景优美的武夷山，碧水丹山孕育了武夷山的秀美，朱子文化赋予了武夷山灵魂。"绿水青山红袍香"主题茶艺（见图4-37），以《朱子家训》为载体，以武夷山当地自然风光为背景，传承传统文化精髓，重点展示武夷山地方茶文化特色。该作品获得2018年第四届全国大学生茶艺技能大赛团体三等奖。

图 4-37 "绿水青山红袍香"创新茶艺

【茶艺主题】 绿水青山红袍香

【冲泡茶品】 大红袍

【主泡茶器】 盖碗、紫砂壶

【茶艺配乐】《红》合乐

【茶艺解说】

（入场）我心中一直有一个梦，找寻书中的桃花源。（行礼入座）

（翻杯）一日，行至青山绿水间，忽闻琅琅读书声。循声而至，见有人坐其间。

（温壶烫盏）闻有朋自远方来，心甚悦之，遂引山泉煮水，红袍待客。

（赏茶置茶）昔时魏晋桃花源，芳草鲜美，落英缤纷。今朝闽北武夷山，朱子文化，代代相传。诗书不可不读，礼义不可不知。子孙不可不教，斯文不可不敬，患难不可不扶……

（温润泡）围炉绕坐，泉水煎茶。问世味何所似，说宠辱两相忘，居滚滚俗尘久，消山间绿三两，洗清泉一盏汤，煮芸芸尘中事。

（洗杯）青山绿水，日出而作，日落而息。万般皆放下，随心而坐，以茶为媒，立于天地苍茫。

（再次冲泡）一琴一瑟，抚宫商角羽；一平一仄，书曲赋诗词；一杯一盏，饮愁乐悲喜；一山一水，看云卷云舒。

（均分茶汤）丹山碧水，山河远阔……日日浅杯茶满，朝朝案头诗书。自歌自舞自开怀，无拘无束无挂碍。

（奉茶）就让这一杯茶，伴我们在传承中彳亍[①]行走。

（谢幕）。

"和"茶——茶艺编创

【创作背景】 "和"是中国传统文化的根本特征，所展现的是中国人之胸怀。中国人处事以和为贵，和兴万事，讲究关联，由和至合，因合而顺。和合之道，贯穿于时代发展的脉络，已经成为中华民族精神的重要内核。用茶艺所表现的"和"，是与"天之道"相和、与意识形态相和、与人之情志相和的外在表现。我国提出的"一带一路"倡议便是对和合思想的有力实践。2015 年 10 月 19—23 日，习近平主席对英国进行国事访问。访问期间在白金汉宫的下午茶会上，武夷茶（Bohea tea）再登大雅，大红袍重显辉煌。

【茶艺主题】 "和"茶（见图 4-38）

【冲泡茶品】 水仙、肉桂

---

① 彳亍：音 chì chù，意为慢步走，走走停停。

145

图 4-38 "和"茶创新茶艺

【主泡茶器】 盖碗

【茶艺配乐】《高山流水》合乐

【茶艺解说】

（入场）半雅半粗器具，半华半实庭轩。酒饮半酣正好，花开半时偏妍。

（赏茶）茶，钟山川之灵秀，优雅温婉。养日月之精华，豪放霸气。

（温杯烫具）武夷水仙，条索丰腴，油润有光。武夷肉桂，香气高锐，霸气凌厉。佳人佳茗，一半水仙，一半肉桂。

（置茶）把她，请入壶中，用水浸润。把他，送进炉火，千锤百炼。

（润茶出汤）婉约清新，杯壁缓流，叮咚涌泉如是。悬壶高冲，豪放霸气，疾风暴雨一般。

（冲第二道汤）轻与重，缓与急。分与别，和与合。同一个产地，风格各异的一半。

（出第二道汤）香不过肉桂，醇不过水仙。肉桂的香郁，融合了水仙的醇厚。相互舒展，互相包容。

（奉茶品茶）一半水仙，一半肉桂。成就了香气，成就了汤水。

大红袍，正是吸收了水仙的醇厚、肉桂的香高。习主席跨越千山万水到访英国。白金汉宫的下午茶会上，Bohea tea 再登大雅，大红袍重显辉煌。

（谢幕）。

三教同山，茶和天下——茶艺编创

【创作背景】 武夷学院所在地福建省武夷山市是世界乌龙茶和红茶的发源地、世界自然与文化双遗产地、中国茶文化艺术之乡、道南理窟、佛教"华胄八小名山"、道教三十六洞天中的升真元化"第十六洞天"。儒释道三教文化与茶文化之间互相交融，形成"三教同山，茶和三教"的独特武夷茶文化。武夷山大红袍，曾是天心永乐禅寺僧人所栽培和制作，饮茶有利于僧人打坐参禅。到武夷山修道的羽客人数不少，成就武夷山成为道教"十六洞天福地"。道人喝茶，以茶调气，行气通脉，助其养生。朱熹喻茶于学，在《朱子语类》中记载他对弟子们说："如这一盏茶，一味是茶，便是真才，有些别底滋味，便是有物夹杂了。"历代武夷山儒释道三教交融，品茶论禅，饮茶修道，以释通儒。

图 4-39 "三教同山"创新茶艺

【茶艺主题】 三教同山，茶和天下（见图4-39）

【冲泡茶品】 水仙、肉桂、奇兰

【主泡茶器】 盖碗、紫砂壶

【茶艺配乐】 背景音乐以虫鸣、溪水、飞泉之声为主旋律，辅之以悠悠古琴和古筝。

【茶艺解说】

第一道：三教同山

（入场）自古以茶可会四海友，以茶可结五湖缘。请您且品武夷三教一盏茶，领略武夷特色茶文化。

（赏茶）武夷山是中国三教并立的文化之地：佛家养性，以和为尚，品茶参禅；道家养身，以和为道，品茗长生；儒家养心，以和为贵，茶以政德。

第二道：洗尽铅华

（温具）以茶净心，心净则国土净；以禅安心，心安则众生安。请在座宾客随我们在温杯净具的同时，运用道家洗尽铅华之思想放下心中的功名、利禄、欲望、地位，清心、安心、静心地享受这一期一会的美好时光。

第三道：纳福迎祥

（投茶）有好茶喝，会喝好茶，是一种清福。我们将水仙、肉桂、奇兰分别导入壶中，取其纳福迎祥之吉祥寓意。

第四道：春夜喜雨

（润茶）这股清泉之水注入壶中，宛如伴随着和风的春雨在夜里悄悄飘洒，滋润着万物悄然发芽。让熟睡的干茶慢慢苏醒与舒展，好似杜甫在《春夜喜雨》中所吟："随风潜入夜，润物细无声。"

第五道：一空万有

（冲泡）注入沸水之后，瞬间浸泡出具有岩骨花香的茶汤充满壶内。这正如道谦禅师在五夫开善寺题写的"万有一空""一空万有"所言之禅机。

第六道：博采众长

（斟茶）各有建树的儒释道三教文化之源，共同汇入这公道杯中，如同智慧的武夷茶人运用独特的技艺拼配出一盏色、香、味俱佳之茶。眼前这盏融合了三教，萃取各茶之精华的武夷茶，我们称它为"大红袍"。

第七道：缘聚武夷

（奉茶）人生的每个瞬间都不能重复，一旦错过不再重演。我们怀着一期一会之心，珍惜缘聚武夷的缘分，奉上一杯全心全意为您冲泡的大红袍。

第八道：岩骨花香

（品茗）一品大红袍，似苔藓青，甘甜鲜爽。二品大红袍，似桂皮辛，齿颊留香。三品大红袍，似兰花幽，满口生津。大红袍所具有的"岩骨"与"花香"素来只可意会。此时，把小我融入大我，达到一种佛家所说的"无我"之境，感受杯中天地，领悟壶里乾坤。品茶如品味人生，只有靠自己用心去领悟，去体会，去共鸣，方能感受每一泡茶中的真谛。

第九道：茶和天下

（谢幕）武夷大红袍，集儒家之正气，道家之清气，佛家之和气，真可谓"千载儒释道，万古山水茶"。一盏大红袍，诠释了武夷的"三教同山，茶和天下"。

第五章 武夷岩茶的保健功效

· 武夷岩茶的功能成分与功效

· 武夷岩茶保健功效研究实例

· 武夷岩茶衍生品的开发与应用

· 武夷岩茶的合理饮用

EGCG

以茶散郁气　以茶驱睡气
以茶养生气　以茶除病气
以茶利礼仁　以茶表敬意
以茶尝滋味　以茶养身体
以茶可行道　以茶可雅志

武夷岩茶生长环境得天独厚，茶树品种资源丰富，加工工艺精湛，故而其品质优异，独具"岩骨花香"之韵，营养价值和药理作用也十分突出。现今流传最广的大红袍传说记载的便是武夷岩茶治病救人的故事。历代医药学家、茶叶专家根据民间经验、自身实践总结，在著作中也对此多有记载。清代陆廷灿的《续茶经》卷下中记载："武夷山有三味茶，苦酸甜也。……能解醒消胀。"清代赵学敏在《本草纲目拾遗》中记载："武夷茶出福建崇安，其茶色黑而味酸，最消食下气，解脾醒酒。"当代茶叶专家陈椽在《茶叶商品学》一书中写道："福建武夷岩茶，温而不寒，提神健胃，消食下气解酒，治痢同乌梅、干姜为用，也是南方治伤风头痛的便药。还可用于防治癌症，具有降低胆固醇和减重去肥的功效。"现今，随着茶成分分析方法、分离和鉴定技术的不断发展，化学工程、分子生物学、细胞生物学、生物化学、营养学和临床医学等一系列先进技术参与到茶叶的研究中，武夷岩茶的保健功效研究有了突破性的进展，保健功能也得到了科学的诠释。

本章节将综合各方面研究的成果，从武夷岩茶功能成分与功效、武夷岩茶的保健功效研究实例、武夷岩茶衍生品的开发与应用、武夷岩茶的合理饮用等方面阐述武夷岩茶保健的相关内容。

第一节 武夷岩茶的功能成分与功效

茶鲜叶中的化学成分丰富（见图 5-1），经过不同的工艺处理，形成不同茶类特殊的成分特点。武夷岩茶工艺复杂，其化学成分组成丰富多样，其中与人体健康密切相关的物质主要有茶多酚、茶多糖、茶色素、咖啡碱（咖啡因）、氨基酸、芳香物质等（见表 5-1）。

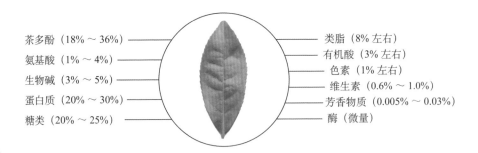

茶多酚（18%～36%）
氨基酸（1%～4%）
生物碱（3%～5%）
蛋白质（20%～30%）
糖类（20%～25%）

类脂（8% 左右）
有机酸（3% 左右）
色素（1% 左右）
维生素（0.6%～1.0%）
芳香物质（0.005%～0.03%）
酶（微量）

图 5-1 茶鲜叶干物质中的有机化合物含量（宛晓春，2003）

一、茶多酚

茶多酚是茶叶中多酚类物质的总称，是茶叶中含量最高的一类化合物，武夷岩茶中茶多酚的总含量占干物质的 9%～16%（见表 5-1）。茶多酚是茶叶生物化学研究最广泛和最深入的一类物质，它最能代表茶的本质。茶多酚对茶叶品质的影响最显著，也是茶叶保健功能的主要成分，被称为"人体的保鲜剂"。其组成主要有儿茶素类、黄酮类化合物、花青素和花白素类、酚酸和缩酚酸类，其中儿茶素类化合物含量最高，约占茶多酚总量的70%。儿茶素类主要包括简单儿茶素（EC、EGC）和酯型儿茶素（ECG、EGCG）。其中，具有保健功能的核心成分EGCG（表没食子儿茶素没食子酸酯，见图5-2）含量占儿茶素总量的50%~60%。

表5-1　武夷岩茶成品茶的主要生化成分含量（71个样本数据）　　单位：%

组分名称	武夷水仙			武夷肉桂		
	最小值	最大值	均值	最小值	最大值	均值
茶多酚	9.44	14.77	12.23	9.07	15.65	12.94
氨基酸总量	0.34	1.37	0.89	0.19	1.56	0.89
咖啡碱（咖啡因）	1.85	2.94	2.32	1.88	3.02	2.35
茶黄素	0.07	0.19	0.12	0.06	0.14	0.10
茶红素	3.07	5.28	4.04	3.98	7.44	5.24
茶褐素	3.12	5.91	4.37	2.60	5.38	4.27

数据来源：赵峰.武夷岩茶"岩韵"品质构成机理及质评技术研究［D］.福建农林大学，2014.

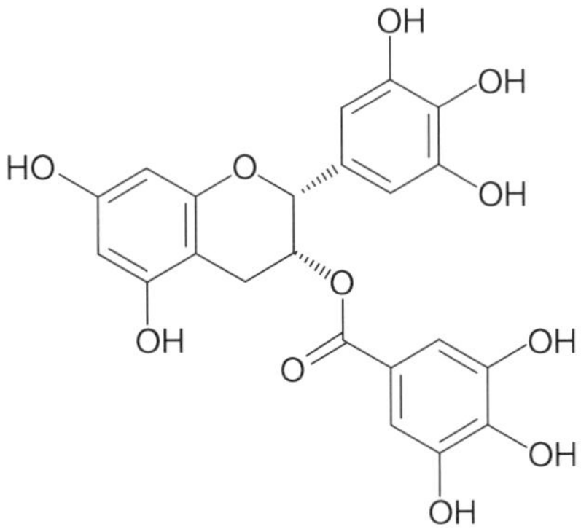

图5-2　EGCG结构式

自 20 世纪 50 年代日本原征彦先生发现并且分离了 EGCG 后，全球开展了大量有关茶多酚的研究。根据浙江大学屠幼英教授的研究和总结，茶多酚在人体健康的十大方面具有突出的保健效果：①抗衰老和免疫调节；②预防治疗心脑血管疾病（包括降血压、降血脂、抗动脉粥样硬化等作用）；③降脂减肥；④防治糖尿病；⑤抗肿瘤；⑥抗氧化和抗辐射；⑦消炎杀菌和抑制病毒；⑧护肝作用；⑨美容护肤和护齿明目；⑩抗过敏。

值得一提的是，近年来研究发现的 EGCG 甲基衍生物（EGCG3″Me、EGCG4″Me），其抗过敏、降血压作用引人关注。儿茶素类聚合物（乌龙双烷醇二聚物 A 和乌龙双烷醇二聚物 B、乌龙茶氨酸没食子酸酯）这类具有抑制胰脂酶活性、减少脂肪吸收作用的活性成分物质仅为乌龙茶所特有。1847 年罗莱特在武夷岩茶中分离出的武夷酸（没食子酸、草酸、鞣质和槲皮黄质等的混合物），经研究证明也具有很强的生物活性。

二、茶多糖

茶多糖是茶叶多糖的复合物，是一种酸性蛋白质杂多糖。茶多糖的组成和含量与茶树品种、茶类（加工工艺）及原料老嫩度等有关，其含量随原料粗老程度的增加而增加。乌龙茶中的茶多糖含量为 2.65% ± 0.27%，高于红茶、绿茶。茶多糖药理功效主要有降血糖、降血脂、防辐射、抗凝血及血栓、增强机体免疫功能、抗氧化、抗动脉粥样硬化、降血压和保护心脑血管等。其中，降血糖和防治糖尿病功效最为突出，相关药理参见图 5-3。在抗氧化方面，武夷学院石玉涛等人对不同树龄（6 年、30 年、60 年）的武夷水仙成品茶的茶多糖抗氧化活性进行研究发现，茶多糖的得率随树龄的增加而提高，树龄为 60 年的老丛水仙茶多糖清除超氧阴离子自由基活性明显高于树龄 6 年和 30 年的水仙茶多糖，具有较强的抗氧化活性。此外，石玉涛等人还对金毛猴、金罗汉、留兰香、玉麒麟、玉观音等 5 份武夷名丛清除羟基自由基的活性进行研究，发现武夷名丛茶多糖是一种较好的羟基自由基清除剂，具有较

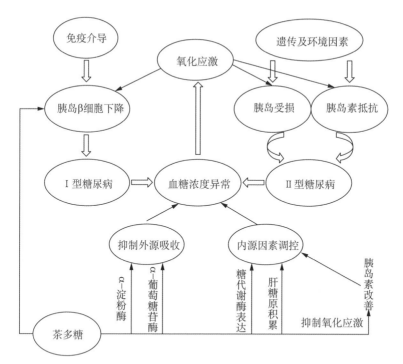

图 5-3 糖尿病的发生发展及茶叶多糖介导

资料来源：杨军国，王丽丽，陈林.茶叶多糖的药理活性研究进展［J］.食品工业科技，2018，39（6）：301-307.

强的抗氧化活性，不同名丛间茶多糖活性具有多样性。

三、茶色素

茶叶色素有两大类：一类是脂溶性色素，主要有叶绿素和类胡萝卜素等；一类是水溶性色素，包括黄酮类化合物、茶黄素、茶红素、茶褐素等。茶饮中起保健作用的成分主要是水溶性物质。黄酮类化合物具有多种生物活性，是重要的抗氧化剂，临床应用非常广泛，能防治心脑血管和呼吸系统疾病，具有抗炎、抑菌、降血糖、抗氧化、抗辐射、抗癌、抗肿瘤、抗艾滋病及增强免疫力等药理功效。茶黄素、茶红素和茶褐素是茶叶加工过程中茶多酚及其衍生物经过氧化缩合形成的一类物质。目前对茶黄素保健功效的研究较为深入。茶黄素被称为茶叶中的"软黄金"，武夷岩茶中茶黄素的含量约为 1%

（见表 5-1）。茶黄素不仅是一种有效的自由基清除剂和抗氧化剂，而且具有抗癌、抗突变、抗菌抑病毒、治疗糖尿病、改善和治疗心脑血管疾病等多种功能。有研究表明，茶红素、茶褐素同样对人体健康有益，具有抗氧化、抗癌、消炎抑菌、提高免疫力等多种功效。

四、咖啡碱（咖啡因）

咖啡碱（咖啡因）是一类重要的生理活性物质，也是茶叶的特征性化学物质之一。武夷岩茶中的咖啡碱（咖啡因）含量在 2%～4%（见表 5-1），饮茶的许多功效都与茶叶中的咖啡碱（咖啡因）有关，如兴奋大脑中枢神经、消除疲劳、提高工作效率、助消化、利尿、抵抗酒精和尼古丁等的毒害、强心解痉、舒缓平滑肌、辅助治疗心绞痛和心肌梗死、兴奋呼吸中枢、消毒灭菌、燃烧脂肪等功效。

知识链接

茶叶中的"咖啡碱"含量比咖啡高？

"咖啡碱"（即咖啡因）这一化合物因最初在咖啡中发现，故名"咖啡碱"。1827 年，发现茶叶中也含有此化合物，而且比咖啡中的含量更高。含有咖啡碱（咖啡因）的植物很少，除茶叶和咖啡外，还有可可、冬青等，其中茶叶中咖啡碱（咖啡因）的含量最高。它也是茶叶的特征性成分之一，可用于鉴别真假茶。

五、氨基酸

氨基酸是茶叶中的主要滋味成分，同时也是主要的功能性组分，与茶叶的保健功能关系密切。氨基酸在茶汤中的浸出率可超过 80%，所以它与茶汤品质和对人体的药理作用关系较大。武夷岩茶中氨基酸的含量在 1% 左右

（见表 5-1），目前已被发现的氨基酸有 26 种，在所有游离氨基酸中，茶氨酸的含量占一半左右，茶氨酸是茶叶的特征性氨基酸，与茶叶品质和生理功效关系最大。

研究表明，茶氨酸具有以下功效：促进神经生长和提高大脑功能，增进记忆力和学习能力，对帕金森氏症、老年痴呆症及传导神经功能紊乱等疾病有预防作用；防癌抗癌作用；降压安神，抑制咖啡碱（咖啡因）引起的神经系统兴奋，可改善睡眠；增加肠道有益菌群和减少血浆胆固醇；保护人体肝脏，增强人体免疫机能，改善肾功能，延缓衰老等。

 趣味小实验

茶氨酸对学习能力和记忆力的影响

将老鼠放入箱中，箱内有一盏灯，灯一亮就有食物出来。服用茶氨酸的老鼠能在较短时间内掌握要领，学习能力高于未服用茶氨酸的老鼠。

利用老鼠有躲到暗处的习惯，在老鼠跑到暗处时电击它。服用茶氨酸的老鼠趋于徘徊在光亮处，以免遭电击，表明对暗处的危险有较强的记忆。

六、芳香物质

茶叶香气是多种芳香物质的综合反映。在茶叶化学成分的总含量中，芳香物质含量并不多，为 0.005%～0.03%，但其成分却很复杂，包括醇、醛、酮、酸、酯、内酯等几大类。芳香物质不仅与茶叶品质的高低密切相关，而且也是一类对人体健康有益的物质，具有调整精神状态的作用。人与环境之间的交流是通过五官来完成的，近年来的许多研究表明，嗅觉在维护人体健康中也扮演重要的角色。武夷岩茶因其产地、品种、工艺的特殊性，其香气以独特的花果香著称，明显有别于其他茶类。武夷岩茶的馥郁花果香通过嗅觉作用于大脑皮质（又称大脑皮层），可提神醒脑、消除疲劳、愉悦身心。如图 5-4 所示即为一杯花果香馥郁的武夷岩茶。

图 5-4　花果香馥郁的武夷岩茶

　　除上述物质外，武夷岩茶因茶树生长在岩壁沟壑的烂石砾壤中，矿质元素含量也更丰富，包括人体细胞不可缺少的钾，保护牙齿的氟，以及其他钙、镁、铁、锌等。得益于优越的生长环境，武夷岩茶还富含多种维生素，包括维生素 A、C、D、E、K 和 B 族维生素等，可为人体补充部分必需维生素。由此可见，武夷岩茶所含的丰富化学成分，是其具有显著药理功能和营养价值的物质基础。

第二节　武夷岩茶保健功效研究实例

随着科学技术的发展，特别是近几十年来，广大科技工作者开展了大量关于茶叶对人体保健功效的研究，取得了许多突破性的进展。研究证明：武夷岩茶具有减肥、调理肠胃、延缓衰老、防治心脑血管疾病、防治糖尿病、消炎抑菌、防癌抗癌、抵抗疲劳、调节身心等多种功效。不同茶类的成分特点和主要药理作用如表 5-2 所示。

表 5-2　不同茶类的成分特点与主要药理作用

茶类	成分特点	主要药理作用
乌龙茶	茶多酚和氨基酸含量适中，茶黄素和茶红素含量较高，可溶性糖含量高，芳香物质种类丰富	消食提神、下气健胃、降脂减肥
绿茶	多酚类物质含量较高	清热解毒、抗氧化、提神醒脑
红茶	多酚类经酶氧化，茶黄素和茶红素最高；多酚类、可溶性糖低，游离氨基酸最低	和胃散寒、抗氧化、抗栓、防治卵巢癌
白茶	茶多酚、游离氨基酸高，茶氨酸最高，有茶黄素、茶红素，可溶性糖低	清热解毒、抗氧化、提神醒脑
黑茶	多酚类在微生物的作用下产生复杂氧化作用，形成多聚体和氧化产物；多酚类、氨基酸类减少明显；褐色高聚物增多	降脂减肥、降糖、抗动脉硬化
黄茶	多酚类物质发生非酶促转化而减少，游离氨基酸较多	清热解毒、提神、抗氧化

资料来源：陈宗懋和甄永苏《茶叶的保健功能》、屠幼英和胡振长《茶与养生》、王芳《正山小种》。

第五章　武夷岩茶的保健功效

一、减肥功效

随着社会的进步和人们生活水平的提高，肥胖的发生率明显上升。肥胖往往会诱发代谢和内分泌紊乱、高血压、高血脂等疾病，严重危害人类的健康。肥胖易引发的疾病如图5-5所示。

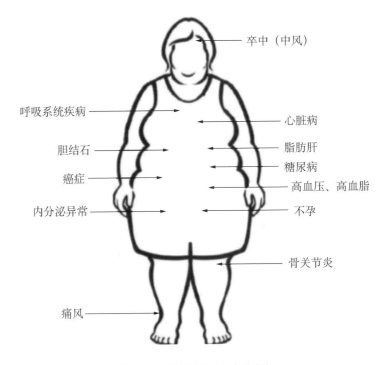

呼吸系统疾病

胆结石

癌症

内分泌异常

痛风

卒中（中风）

心脏病

脂肪肝

糖尿病

高血压、高血脂

不孕

骨关节炎

图 5-5 肥胖容易引发的各种疾病

茶叶的减肥功效已被消费者广泛认可，在《证类本草》中就有记载，饮茶可"久食令人瘦，去人脂"。动物实验也发现，在鼠料中添加30 g/kg的武夷岩茶，在饮水中添加0.5%的茶汤喂养小鼠15天后，对照组增重显著，而试验组体重下降，说明一定剂量的武夷岩茶能够抑制小鼠增重。福建中医药研究院的陈玲等人对确诊为单纯性肥胖的102例患者经水仙茶1.5月饮用治疗后，其减肥总有效率为64.71%，能明显减轻体重，缩小腹围和减少腹部皮下脂肪堆积的含量，表明武夷岩茶具有很好的减肥作用。研究表明，武夷岩茶控制体重的功效主要来源于茶叶中有效成分对脂肪代谢的干预，或控制脂肪的消化吸收（如抑制胰脂酶活性，减少脂肪吸收），或促进脂肪的分解代谢（如促进体内脂蛋白酶、激素敏感型脂肪酶的活性，诱导脂肪分解）。这些有效成分主要包括茶多酚、儿茶素聚合物、咖啡碱（咖啡因）等。

二、调理肠胃功效

胃肠道是人体进行物质消化、吸收和排泄的主要部位，长期的饮用实践表明，武夷岩茶具有调理肠胃的功效。武夷山当地居民一直有使用武夷岩茶治疗腹泻、肠胃不适等疾病的传统。特别是贮存得当的陈年岩茶，在缓解肠胃不适，改善、调和肠胃的菌落方面效果明显。

近年来开展的科学试验也表明武夷岩茶具有很好的调理肠胃功效。金莉莎等人开展了关于大红袍和红茶对肠道菌群失衡调整作用的研究，结果表明，在等剂量条件下，大红袍对抗生素诱导的小鼠肠道菌群失衡的预防作用效果优于红茶。蓝雪铭开展了关于武夷岩茶对无特定病原体（Specific Pathogen Free, SPF）级大鼠肠道菌群及其代谢产物（短链脂肪酸和细菌酶）影响的研究，结果表明，武夷岩茶可抑制大肠杆菌的增殖，可调节大鼠肠道内乙酸含量，对双歧杆菌和乳酸杆菌等有益菌无不良影响，具有一定的改善肠道环境的功效。

三、延缓衰老功效

人体衰老的原因被认为是体内细胞在代谢途径中持续产生自由基与细胞内抗氧化酶系统持续消除自由基之间的失衡，使高度活泼的自由基浓度过剩。过剩自由基对细胞组织造成的氧化损伤在体内逐渐积累，从而也导致许多疾病的发生，加速机体的衰老（见图5-6）。

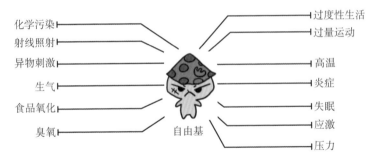

化学污染
射线照射
异物刺激
生气
食品氧化
臭氧

过度性生活
过量运动
高温
炎症
失眠
应激
压力

自由基

图 5-6　自由基的产生

　　陈玲等人以年龄在 50～69 岁的老年人并具有肾虚或脾虚见证的患者为实验对象，通过饮用水仙茶 3 个月后，患者的脾虚、肾虚衰老见证明显改善。人体的超氧化物歧化酶 TSOD、CuZnSOD、MnSOD 和与人体细胞免疫机能相关的 T 淋巴细胞亚群的细胞数及自然杀伤细胞的活性在饮用后比饮用前均显著提高。

　　武夷岩茶中的茶多酚、茶色素等分子结构中具有活泼羟基氧的抗氧化物质，能捕获过量的自由基，终止自由基的链式反应。体外抗氧化研究表明，武夷岩茶茶多酚清除超氧阴离子自由基的抗氧化作用显著，对油脂有显著的抗氧化效果，且优于维生素 C、维生素 E。体内研究显示，武夷岩茶能提高机体抗氧化能力，主要表现在增加血浆维生素水平，提高全血谷胱甘肽过氧化物酶的活力和肝中超氧化物歧化酶的活力，以有效清除体内过量自由基；还表现在降低肝、血清中脂质过氧化物的含量，延缓心肌脂褐素的形成。由此表明，饮用武夷岩茶，具有延缓衰老的作用。

四、防治心脑血管疾病功效

　　心脑血管疾病是危害人类生命健康最严重的疾病之一。其患病率和病死率均居各类疾病之首，主要的危险因素包括高血压、血脂异常、血小板凝集等。

马森等人研究证明，武夷岩茶能够显著降低家兔血清总脂、甘油三酯、胆固醇含量，具有降脂作用。陈玲等人以血脂代谢紊乱患者和原发性高血压（高血压病）患者为实验对象，观察其在饮用水仙茶 1 个月后各指标的变化。结果发现，水仙茶具有降低血清总固醇（TC）、血清甘油三酯（TG）、提高高密度脂蛋白胆固醇（HDL-C）的调脂作用，同时还能延迟氧化低密度脂蛋白（Ox-LDL）氧化时间，有一定的抗动脉硬化的作用，同时有降低收缩压和舒张压的降压作用。

武夷岩茶属于乌龙茶中的一类，其保健效果与其他乌龙茶类似。一些以大类乌龙茶为试验材料的研究也证实了其防治心脑血管疾病的功效，参见图 5-7。早有临床观察结果表明，福建乌龙茶是一种既能降压又能降脂的饮料。在动物实验中，有研究证实，小鼠饮茶 14 周后，乌龙茶发挥降压作用，显著抑制自发性高血压小鼠血压上升，并发现乌龙茶中所含的咖啡碱（咖啡因）以外的未知物质可有效调节肾脏交感神经和血压。在降甘油三酯效果方面，乌龙茶和普洱茶＞红茶＞绿茶（见表 5-3）。在乌龙茶制造过程中，主要的多酚物质黄烷-3-醇经过多酚氧化和加热处理转变成高分子量的多聚合多酚（OTPP），其含量约是绿茶的两倍。研究发现，从乌龙茶中分离出的 OTPP 能直接抑制小鼠餐后高甘油三酯血症，减少餐后小鼠淋巴系统中甘油三酯的含量，而相同剂量下的 EGCG 无此效果。

表 5-3 不同茶类的保健优势功能（Kuo et al.，2004）

保健功能	不同茶类的优势比较
减肥	乌龙茶＞普洱茶＞红茶＞绿茶
降甘油三酯	乌龙茶和普洱茶＞红茶和绿茶
降总胆固醇	普洱茶和绿茶＞乌龙茶和红茶

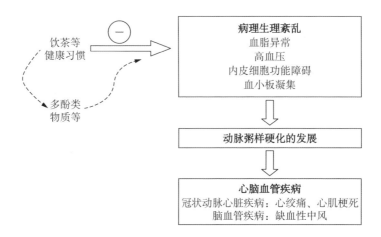

图 5-7　茶叶中多酚类物质与心脑血管疾病的发展关系示意图
（Habauzit and Morand, 2012）

五、防治糖尿病功效

糖尿病是一种内分泌代谢疾病，是遗传因素、肥胖、活动量不足、饮食结构不合理、精神因素、病毒感染、自身免疫、化学物质和药物、妊娠等因素引起的疾病。糖尿病会引起一系列的并发症，导致眼、肾、神经、心脏、血管等组织器官的病变、衰退、衰竭，病情严重或应激时可引起急性严重代谢紊乱，对人们的身体健康造成很大的威胁。

茶叶具有很好的降血糖功效，在民间历来就有用茶叶防治糖尿病的传统。余泽岚所著的《闲话武夷山》一书中详细介绍了以武夷岩茶降血糖的偏方："武夷岩茶（最好是老丛水仙）的茶梗、茶片各一半，适度焙火。用凉开水浸泡四小时以上，浓淡适中或偏浓，每天随意喝，味道香甜可口，可长期坚持饮用，经多人体验有明显效果。"

目前也有大量的科学依据证实了武夷岩茶的降糖作用。马森等在高血糖小鼠动物模型中，在饲料和饮水中添加武夷岩茶，小鼠在 5 日后血糖比实验前降低了 75%，变化显著，而对照组血糖与实验前无明显变化，证明武夷岩茶有显著的降血糖作用。研究人员（Huang et al., 2013）对来自中国福建省的 4808 名志愿者进行调查发现，平均每周饮绿茶或岩茶 16～30 杯可以有效预防 II 型糖尿病的发生。安品弟等人的研究表明，武夷岩茶与武夷岩茶复方颗粒剂都能够控制链脲佐菌素（STZ）糖尿病大鼠血糖的升高，可以改善大鼠糖耐量，其中武夷岩茶复方颗粒剂的降血糖效果更好。马玉仙等人利用 STZ 高血糖大鼠动物模型研究武夷岩茶的降糖功效。结果显示：武夷岩茶各剂量组（4.29 g/kg、2.89 g/kg、1.43 g/kg）均能抑制空腹血糖的升高，改善糖耐量，提高大鼠空腹血清胰岛素与胰岛素的敏感性，减小胰岛素抵抗指数；苏木精 – 伊红染色法（即 HE 染色法）显示，武夷岩茶剂量组肝细胞排列明显改善，趋于整齐，表明武夷岩茶具有显著的降糖作用。在此基础上，马玉仙等人还研究了武夷岩茶对糖尿病大鼠肠道菌群的影响，对大鼠肠道内容物 DNA 的 V3～V4 区进行高通量测序，分析肠道菌群的变化。结果显示：武夷岩茶可以有效抑制糖尿病大鼠肠道菌群多样性明显增多的趋势；与模型对照组糖尿病大鼠肠道内菌群的变化不同，灌胃武夷岩茶之后，其拟杆菌门的比例上升，变形菌门的比例下降，且调节的效果与武夷岩茶的剂量呈正相关。在属的水平，灌胃武夷岩茶后，与模型对照组相比，异杆菌属（一种对肠道具有一定的保护作用的有益菌）含量明显上升。通过热图探讨对武夷岩茶起响应作用的特定菌群，结果显示：武夷岩茶可显著降低肠杆菌属的相对丰度，显著提高双歧杆菌属、罗姆布茨菌属的相对丰度。这表明武夷岩茶具有改善糖尿病大鼠肠道菌群结构的作用。茶叶的降糖作用除通过改善糖耐量和调节胰岛细胞的相关活性等途径实现外，肠道菌群在糖尿病的发展过程中也起着关键作用，而武夷岩茶可以调节肠道菌群，起到降糖的作用。

六、消炎抑菌功效

武夷岩茶具有抗病原菌的功效。武夷山当地居民经常在皮肤生疮、溃烂流脓、外伤破皮时用茶汤冲洗患处，进行消炎杀菌。日常实践也证明武夷岩茶对口腔发炎、溃烂、咽喉肿痛有一定疗效。科研人员通过试验也证实了武夷岩茶的抗菌功效。马森用纸片法测定了4种浓度下的武夷岩茶茶多酚对大肠杆菌、致病性大肠杆菌、李斯特氏沙门氏菌、金黄色葡萄球菌等4种菌的抑菌效果。实验结果表明，武夷岩茶茶多酚对4种菌均有明显的抑菌作用，其中对金黄色葡萄球菌的抑菌作用最强（$p < 0.01$）。除茶多酚外，武夷岩茶中的茶黄素、茶红素、咖啡碱（咖啡因）等也是其发挥消炎抑菌作用的主要成分。

七、防癌抗癌功效

癌症是一大类恶性肿瘤的统称，是由于细胞生长增殖机制失常而引起的疾病（见图5-8），是全世界引起人类死亡的主要原因之一。由于生命历程中某些癌症危险因子的积累，以及人体在衰老过程中细胞修复机能的逐渐下降，癌症发病率会随年龄增长而显著升高。在低收入和中等收入国家，吸烟、饮酒、偏低的水果和蔬菜摄入量以及乙肝病毒（HBV）、丙肝病毒（HCV）和部分类型的人乳头瘤病毒（HPV）的感染，都是癌症发生的主要危险因素；而吸烟、饮酒、超重或肥胖则是高收入国家癌症发生的主要危险因素。面临发病率越来越高的癌症难题，改变不合理的生活方式、寻找天然的防癌抗癌物质是亟待解决的问题。

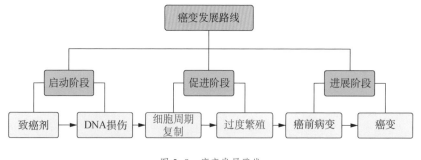

图 5-8　癌变发展路线

武夷岩茶具有很好的防癌抗癌功效，茶叶中儿茶素的氧化还原作用，EGCG与靶标蛋白的结合，导致代谢或信号转导通路的抑制作用是其具有防癌抗癌作用的主要机制。李林等人在福建省南平地区开展了一项武夷岩茶与食管癌关系的流行病学研究，其结果显示，武夷岩茶与患食管癌风险之间呈反向相关。与从未饮茶人群相比，习惯饮茶人群患食管癌危险降低，而且每周饮茶次数越多，开始饮茶年龄越早、饮茶年限越长，患食管癌的危险性越低。何靓等人研究了不同年份武夷水仙对肺癌细胞的影响，结果表明，武夷水仙对人肺癌细胞的增殖具有抑制作用，且其抗癌能力不随存放时间的增加而持续增强。另外，武夷岩茶的抗癌功效还体现在能减轻一些癌症患者因化疗产生的副作用，如剧烈的头晕、呕吐等。

八、抵抗疲劳、调节身心功效

唐代皎然在《饮茶歌诮崔石使君》一诗中写道："一饮涤昏寐，情思爽朗满天地。再饮清我神，忽如飞雨洒轻尘。三饮便得道，何须苦心破烦恼。"武夷岩茶具有很好的抵抗疲劳、调节身心的功效。

究其原因，一是茶叶自身所具有的活性成分可以缓解人的疲劳。大量研究结果表明，武夷岩茶中的咖啡碱（咖啡因）、茶氨酸、香气物质等均具有显著的抗疲劳功效。马森等人在 20 只小鼠上做武夷岩茶抗疲劳试验，以饲喂基础饲料和自来水为对照；试验组添加 3% 的武夷岩茶，饮 0.5% 的茶汤；试验期 3 周。抗疲劳试验结果显示：试验组死亡时间比对照组显著延长（$p < 0.05$），证明武夷岩茶具有显著的抗疲劳作用。

二是茶文化具有精神养生作用。通过饮茶，可以达到修身养性、调节人的精神状态的作用。茶被称为一种精神健康的饮品。当今社会，经济快速发展，各行各业竞争激烈，生活节奏加快，社会压力大，导致人心浮躁，心理易于失衡，人际关系紧张，而茶文化是一种雅静、健康的文化，它能使绷紧的心灵得以舒缓，失衡的心态得以平衡。中国茶道精神的核心就是和，通过以和为本质的茶事活动，增强人与自然的和谐，以及人与人之间的和谐。人们通过敬茶、饮茶沟通思想、交流感情，创造和谐气氛，增进彼此之间的感情。

正所谓一人喝茶，修身养性，达到和气；一个家庭喝茶，和和美美，家庭和睦；一个国家喝茶，大家和诚共处，形成社会和谐；一个世界喝茶，国家之间求同存异，和平共处。无论你从事什么职业，从政府官员到普通百姓，从商人到学者，都可以在一杯茶中找到心灵的慰藉，忘却人世的纷争。

第三节　武夷岩茶衍生品的开发与应用

随着茶的营养和健康机制研究的不断深入、茶叶深加工技术的不断提升，武夷岩茶的茶食品、日用化妆品、功能产品等茶叶衍生品层出不穷。喝茶、吃茶和用茶已融入人们健康的生活方式中。

一、茶食品

茶食品是指含茶的食品。在食品加工时，加入适量茶叶或茶叶提取物，使其具有茶叶的特殊风味，并能发挥茶叶中有效成分的功能，茶食品具有天然、绿色、健康的特点。武夷岩茶以其特殊的口感和保健效果越来越多地用在茶食品的加工中，如武夷岩茶糕点、糖果、茶饮料、茶酒等（见图5-9—图5-11）。

二、茶日用化妆品

茶叶中的多种成分具有美容护肤的保健功效。例如，茶多酚具有清除自由基，高效抑菌和抗氧化作用，可帮助皮肤"减压"。茶多糖用于护肤品中，可提高皮肤细胞超氧化物歧化酶（SOD）的活性，提高皮肤的弹性。茶氨酸作为表面活性剂，因其十分接近人体皮肤 pH 值而具有很好的洁肤、保护肌肤的效果。茶皂素作为天然的表面活性剂比传统的化学表面活性剂要安全得多。近年来，关于将茶的活性物质应用到日用化妆品中的研究越来越广泛深入，许多科研团队和企业都有着丰硕的成果，武夷岩茶系列的日用化妆品也已经面世（见图 5-12—图 5-14）。

图 5-9　武夷学院自主研发的武夷岩茶茶酒

图 5-10　三得利大红袍茶饮料

图 5-11　武夷星大红袍茶月饼

图 5-12　大红袍茶护洗发水、护发素、沐浴露、身体乳

图 5-13　大红袍茶氨酸洁面皂

图 5-14　大红袍茶护面膜

三、茶功能产品

　　茶叶中的茶多酚、茶氨酸和茶色素等具有多种保健功效，可开发用于增强体质、提高免疫力、减肥、降血脂、降血压等多种用途。随着茶叶深加工领域技术的不断发展，现已开发出多款有利于人体健康的功能产品，如具有解压抗疲、安神助眠功能的茶氨酸和具有延缓衰老、预防疾病功能的茶多酚单体 EGCG 等。武夷岩茶品质优异，是茶多酚、茶氨酸等茶叶天然提取物开发的优质原料（见图 5-15，5-16）。

图 5-15　天然镇静剂——茶氨酸　　　　图 5-16　EGCG（茶多酚单体）

第四节　武夷岩茶的合理饮用

武夷岩茶保健功效显著，但要真正发挥其作用，还要做到合理饮用，讲究因人制宜、适度饮茶和避开一些饮茶的误区等。

一、因人制宜

中医认为，人的体质有燥热、虚寒之别，中华中医药学会编著的《中医体质分类与判定》从中医的角度把体质分为9种，分别为平和质、气虚质、阳虚质、阴虚质、血瘀质、痰湿质、湿热质、气郁质和过敏质。除平和质外，其余8种均为偏颇体质。茶有药性，可纠人体阴阳偏颇，不同的茶类由于加工工艺的不同，形成内含物的组分和含量有所差异，它们的性味就有所不同。要真正发挥茶的药性就要做到根据不同的体质选择不同的茶类（见表5-4），如果饮用不当，饮茶也会对健康造成一定程度的损害。一般来说，燥热体质的人（容易上火、体壮身热）宜喝凉性茶，如绿茶、白茶、黄茶等；虚寒体质者（脘腹虚寒、喜热怕冷）宜喝温性茶，如红茶、黑茶等。武夷岩茶是一类半发酵茶，在不同的焙火程度下，其茶性有所不同。适度焙火的武夷岩茶茶性温和，高焙火的武夷岩茶偏燥，退火后茶性趋于温和。从茶性和体质的适应关系来看，武夷岩茶具有较广的适饮人群。一般来说，平和质、阳虚质、血瘀质和痰湿质的人饮武夷岩茶较好，其他体质的人也可根据自身情况适量饮用。我们的身体很复杂，往往不是单纯的一种体质，可能是以一种体质为主，以另外一种或几种体质为辅的综合体质，而且人的身体状况是动态的，会随着季节更替、生活习惯、地域变迁等因素而改变。因此，我们在喝茶时要注意身体的感受，如果身体反应好就坚持品饮，如果感受不好建议更换茶类，甚至暂时停止饮茶。另外一些特殊人群也要注意，对患有某些疾病的人群，如缺铁性贫血、活动性胃溃疡、十二指肠溃疡、神经衰弱患者，处于三期（经期、孕期、产期）的妇女、幼儿等特殊人群最好不饮茶或只饮淡茶。正在服用药物（金属制剂药、催眠镇静药物、酶制剂药物、黄连、钩藤、麻黄等）时，也不宜饮茶，以免影响药效。

表 5-4　不同体质人的饮茶建议

体质	体质特征和常见表现	饮茶建议
平和质（健康派）	阴阳气血调和，面色红润，精力充沛，正常体质	各种茶类均可饮用，但应适量，长期大量饮用凉性的茶也会使体质发生改变
气虚质（气短派）	元气不足，以疲乏、气短、自汗等气虚表现为主要特征，肌肉松软不实，平素语音低弱，气短懒言，容易疲乏，精神不振，易患感冒、内脏下垂等病，且病后康复缓慢。对外界环境适应能力较差，不耐受风、寒、暑、湿邪	性寒的茶不能喝，可适当喝一些偏温性的茶，如红茶、黑茶、焙火的乌龙茶（武夷岩茶），可以在喝茶时放几个红枣，或把红枣当茶点吃
阳虚质（怕冷派）	阳气不足，以女性居多，以畏寒怕冷、手足不温等虚寒表现为主要特征，肌肉松软不实，耐夏不耐冬，易感风寒、湿邪	以喝红茶、黑茶、焙火的乌龙茶（武夷岩茶）为好，少饮寒性茶
阴虚质（缺水派）	阴液亏少，以口燥咽干、手足心热等虚热表现为主要特征，多大便干燥，往往体形偏瘦，性情急躁，外向好动、活泼。阴虚体质的人耐冬不耐夏；不耐受暑、热、燥邪。患虚劳、失精、不寐等病，多因热而致病	阴虚体质的人容易口渴，适合喝茶，可以喝的茶类也多。可多饮绿茶、黄茶、白茶、不焙火的乌龙茶。阴虚体质的人阳气太盛，一般睡前四五个小时不宜饮茶，以免引起失眠

体质	体质特征和常见表现	饮茶建议
血瘀质（冠心病、卒中）	肤色晦暗，色素沉着，容易出现瘀斑，胸闷胸痛，口眼歪斜，半身不遂，口唇黯淡，舌黯或有瘀点	各茶类均可，而且可以适当增加浓度，原料较为粗老的陈年黑茶、老白茶（贡眉、寿眉）、陈年岩茶等最好
痰湿质（痰派）	体形肥胖，腹部肥满松软，易出汗，面油，嗓子有痰，舌苔较厚	各茶类均可，黑茶、岩茶、老白茶等最为适宜
湿热质（长痘派）	湿热内蕴，面部和鼻尖总是油光发亮，脸上易生粉刺，皮肤易瘙痒。常感到口苦、口臭，身重困倦，大便黏滞不畅或干燥，小便短黄	以喝绿茶、白茶、黄茶和不焙火轻发酵的乌龙茶为好
气郁质（郁闷派）	体形偏瘦，多愁善感，情感脆弱，烦闷不乐。常感到乳房及两肋部胀痛，属林妹妹类型	宜喝富含氨基酸茶、低咖啡碱（咖啡因）茶、香气好的茶、花茶。一般下午四五点后就不宜饮茶，尤其是睡前应避免饮茶
特禀质（过敏派）	特异性体质，过敏体质，常鼻塞、打喷嚏，易患哮喘，易对药物、食物、花粉、气味、季节过敏	根据自身特点尝试性喝茶，选择低咖啡碱（咖啡因）茶、不喝浓茶

资料来源：王岳飞《茶文化与茶健康》、李建国《白茶新语》。

二、适度饮茶

饮茶适度，指的是饮茶量合理，茶水浓淡适中，茶汤温度适宜。饮茶过量、茶水过浓，会影响人体对食物中铁和蛋白质等营养的吸收。而且过多咖啡碱（咖啡因）也会使中枢神经过于兴奋，心跳加快，增加心、肾负担，影响睡眠。浓茶中高浓度的咖啡碱（咖啡因）和多酚类等物质对肠胃的刺激会抑制胃液分泌，对消化功能也有影响。尤其在睡前和空腹时更不宜大量喝茶，喝浓茶。武夷山当地的一些老茶客往往嗜好浓茶，或投茶量大，或浸泡时间长，导致茶水过浓，长此以往，可能对健康产生不利影响。欧洲食品安全研究协会称，成年人每天的安全咖啡碱（咖啡因）摄入量为 400 mg，每次摄入量不应超过 200 mg。武夷岩茶中的咖啡碱（咖啡因）含量为 2%～4%，通过多次冲泡浸出率可达 90% 以上，因此一个成年人一天的饮茶量最好控制在 15g 以内。如饮茶过量、过浓，容易引起茶醉，出现心慌、头晕、乏力等问题。此外，饮茶提倡热饮或温饮，避免烫饮和冷饮。喝 70℃以上过热的茶水不但会烫伤口腔、咽喉及食道黏膜，长期的高温刺激还是导致口腔和食道肿瘤的一个诱因。因此，高温冲泡出来的茶汤要稍凉后再饮，不可急饮，50~60℃的茶水最适饮用。

💡 小贴士

茶醉后怎么办?

① 一旦出现茶醉现象，可立即补充糖分来缓解不适，如吃一块奶糖，喝一碗汤水，吃一些饼干等。

② 咖啡碱（咖啡因）是利尿剂，茶醉后容易引起失水，需要补充 1~2 杯温开水来补充身体的水分。

③ 长期大量饮茶的人一旦出现习惯性失眠多梦、神经敏感、容易头晕头疼等状态，一定要及时降低饮茶量。

三、避开误区

误区一："茶等同于药"。武夷岩茶具有诸多的保健功效，部分人便误以为饮茶就能治疗各类疾病，无须到医院就诊。这便是对茶叶保健认识存在的误区，虽然武夷岩茶在疾病的预防和疗效巩固上有一定效果，但是茶并不等同于药，在患各类疾病时不能以茶替代药物。

误区二："武夷岩茶越新越好"。武夷岩茶经初制后，成品之前均需经过焙火处理。如刚焙过火的茶马上品饮则容易引起上火。而且，其香气不稳定，滋味也欠醇，这一时期并不能反映茶叶的真实品质。一般建议存放一段时间后饮用，存放的时间长短主要依据火功的高低和存放的条件而定。

误区三："武夷岩茶越陈越好"。随着近年来陈茶市场的火热，越来越多的人热衷于收藏和饮用陈茶，并认为"越陈越好"。武夷岩茶陈茶具有调理肠胃、缓解腹泻、消食减肥等诸多保健功效，但是其对于贮存的条件具有很高的要求，如贮存条件不当，陈茶品质容易出现劣变，反而对人体的健康不利。

误区四："武夷岩茶浓，能解酒"。解酒最需要的是排出体内的有害物质，饮茶具有明显的利尿效果，因此有些人便在酒后以茶来解酒，而且认为茶越浓效果越好。酒后饮茶，茶中咖啡碱（咖啡因）的利尿作用使酒精中有毒的醛尚未分解就从肾脏排出，对肾脏有较大的刺激性，对健康有害。另外，醉酒后酒精对心脏和心血管的刺激很大，如果饮用浓茶，茶里面的咖啡碱（咖啡因）会加速心脏跳动，进一步加大心脏的压力，特别是对于心脏功能不好的人更不适宜。

陈宗懋院士曾说："茶叶不是药，但是饮茶确实可以预防和减轻很多疾病，可以作为身体的调节剂。多饮茶，可以增强体质、提高抗病性。喝茶一分钟能解渴，坚持喝一小时就可以休闲了，喝一个月则可以增进健康，喝一辈子可以长寿。"武夷岩茶具有显著的保健功效，合理饮用能对人体健康产生积极的作用，坚持长期饮用是有益健康的科学养生之道。

本章图片均由武夷星茶业有限公司、茶仕利、晁倩林、郑淑娟、苏欣、叶愔、雷乐、王文震、林祥樟等提供。

参考文献

［1］ GB/T 18745—2006 地理标志产品 武夷岩茶［S］.北京：中国标准出版社.

［2］ GB/T 23776—2018 茶叶感官审评方法［S］.北京：中国标准出版社.

［3］ 施兆鹏.茶叶审评与检验［M］.北京：中国农业出版社，2010.

［4］ 王芳，刘宝顺，陈百文.武夷岩茶冲泡和品饮技艺的研究［J］.福建茶叶，2017，39（5）：16—18.

［5］ 郭雅玲.武夷岩茶品质的感官审评［J］.福建茶叶，2011，33（01）：45—47.

［6］ DB/T 351545—2015 武夷岩茶冲泡与品鉴标准［S］.福州：福建省质量技术监督局.

［7］ 黄锦枝，黄集斌，吴越.武夷月明 武夷岩茶泰斗姚月明纪念文集［M］.昆明：云南人民出版社，2019.

［8］ 夏涛.制茶学［M］.北京：中国农业出版社，2016.

［9］ 邵长泉.岩韵［M］.福州：海峡文艺出版社，2016.

［10］ 萧天喜.武夷茶经［M］.福州：海峡书局，2014.

［11］ 杨江帆.武夷茶大典［M］.福州：福建人民出版社，2018.

［12］ 方济明.浅谈乌龙茶精制拼配工艺［J］.福建茶叶，1998（3）：24—25.

［13］ 黄贤庚.岩茶手艺［M］.福州：福建人民出版社，2013.

［14］ 徐茂兴.武夷岩茶炭焙不同方式方法对比［J］.农民致富之友，2015（14）：90.

［15］ 刘宝顺，潘玉华.武夷岩茶烘焙技术［J］.安徽农业科学，2013，41（34）：13385—13386.

参考文献按照正文中引用顺序排列。

［16］ 王文震，刘安兴，杨林海.武夷岩茶感官审评与商品茶研发实践［J］.
蚕桑茶叶通讯，2019（4）：35—37.

［17］ 梁慧颖.武夷岩茶之拼配技艺［J］.福建茶叶，2020，42（2）：13.

［18］ 卢莉，王飞权，林秀国，等.传统炭焙工艺过程中武夷岩茶品质变化规
律研究［J］.食品科技，2018，43（5）：77—82.

［19］ 王芳，张见明，李博，等.武夷大红袍初制过程中香型与香气成分的变
化规律［J］.茶叶科学，2019，39（4）：455—463.

［20］ 章建浩.食品包装学［M］.北京：中国农业出版社，2009.

［21］ 林燕萍.武夷岩茶"岩韵"成因分析与品鉴要领［J］.武夷学院学报，
2018，37（5）：6—10.

［22］ 杨晓华.茶文化空间中的茶席设计研究［D］.浙江农林大学，2011.

［23］ 静清和.茶席窥美［M］.北京：九州出版社，2015.

［24］ 李玉杰.茶器、茶席、茶境的现代设计美学构建［D］.南京林业大学，
2015.

［25］ 陈椽.茶叶商品学［M］.合肥：中国科学技术大学出版社，1991.

［26］ 屠幼英.茶与健康［M］.西安：世界图书出版西安有限公司，2011.

［27］ 宛晓春.茶叶生物化学［M］.北京：中国农业出版社，2003.

［28］ 赵峰.武夷岩茶"岩韵"品质构成机理及质评技术研究［D］.福建农林
大学，2014.

［29］ 屠幼英，乔德京.茶多酚十大养生功效［M］.杭州：浙江大学出版社，
2014.

［30］ 陈宗懋，甄永苏.茶叶的保健功能［M］.北京：科学出版社，2014.

［31］ 周巨根，朱永兴.茶学概论［M］.北京：中国中医药出版社，2007.

［32］ 石玉涛，郑超，黄华娟，等.武夷名丛茶多糖清除羟基自由基活性研究
［J］.中国农学通报，2014，30（25）：184—188.

［33］ 石玉涛，林小娥，郑淑琳，等.不同树龄武夷水仙茶多糖抗氧化活性研

究［J］.黑龙江农业科学，2014（11）：116—120.

［34］ 杨军国，王丽丽，陈林.茶叶多糖的药理活性研究进展［J］.食品工业科技，2018，39（6）：301—307.

［35］ 屠幼英，胡振长.茶与养生［M］.杭州：浙江大学出版社，2017.

［36］ 杨志博，松井阳吉，林智，等.乌龙茶抗疲劳作用［J］.福建茶叶，2000（4）：44—46.

［37］ 赵大炎.武夷岩茶神奇的保健功能［J］.农业考古，2001（4）：343—345.

［38］ 马森.武夷岩茶抑制小鼠增重的试验效果［J］.动物医学进展，2012，33（9）：46—48.

［39］ 陈玲，林炳辉，陈文岳，等.福建乌龙茶防病保健作用的临床研究［J］.茶叶科学，2002（1）：75—78.

［40］ 金莉莎，刘仲华，黄建安，等.大红袍与红茶对肠道菌群失衡的作用研究［J］.食品与机械，2013，29（3）：1—3，46.

［41］ 蓝雪铭.武夷岩茶对SPF级大鼠肠道菌群的影响［D］.福州大学，2013.

［42］ 王芳.正山小种［M］.福州：福建科学技术出版社，2019.

［43］ 马森.武夷岩茶茶多酚的体外抗氧化作用［J］.武夷学院学报，2009，28（2）：22—25.

［44］ 马森，陈培珍，游玉琼，等.武夷岩茶茶多酚对油脂的抗氧化效果［J］.福建茶叶，2007（4）：24—25.

［45］ Kurihara H, Fukami H, Asami S, et al. Effects of oolong tea on plasma antioxidative capacity in mice loaded with restraint stress assessed using the oxygen radical absorbance capacity（ORAC）assay［J］. Biological & Pharmaceutical Bulletin, 2004, 27(7): 1093-1098.

［46］ 杨贤强，曹明富，沈生荣，等.茶多酚生物学活性的研究［J］.茶叶科学，1993（01）：51—59.

[47] 周向军，高义霞，袁毅君，等.乌龙茶茶褐素提取工艺的优化及抗氧化研究 [J].中国实验方剂学杂志，2011，17（04）：36—40.

[48] 马森，李碧婵，游玉琼，等.武夷岩茶对家兔降血脂作用的研究 [J].福建茶叶，2007（02）：44—45.

[49] Tanida M, Tsuruoka N, Shen J, et al. Effects of oolong tea on renal sympathetic nerve activity and spontaneous hypertension in rats [J]. Metabolism-clinical and Experimental, 2008, 57 (4): 526-534.

[50] Kuo K, Weng M, Chiang C, et al. Comparative studies on the hypolipidemic and growth suppressive effects of oolong, black, pu-erh, and green tea leaves in rats [J]. Journal of Agricultural and Food Chemistry, 2005, 53 (2): 480−489.

[51] Toyodaono Y, Yoshimura M, Nakai M, et al. Suppression of Postprandial Hypertriglyceridemia in Rats and Mice by Oolong Tea Polymerized Polyphenols [J]. Bioscience, Biotechnology, and Biochemistry, 2007, 71 (4): 971−976.

[52] Habauzit V, Morand C. Evidence for a protective effect of polyphenols-containing foods on cardiovascular health: an update for clinicians [J]. Therapeutic Advances in Chronic Disease, 2012, 3 (2): 87−106.

[53] 余泽岚.闲话武夷山 [M].桂林：漓江出版社，2012.

[54] 马森，陈培珍，游玉琼，等.武夷岩茶降血糖作用的研究 [J].南平师专学报，2007（4）：24—26.

[55] Huang H, Guo Q, Qiu C, et al. Associations of green tea and rock tea consumption with risk of impaired fasting glucose and impaired glucose tolerance in Chinese men and women. [J]. Plos One, 2013, 8 (11): e79214.

[56] 安品弟，蒋慧颖，马玉仙，等.武夷岩茶复方颗粒剂对糖尿病大鼠的降血糖作用 [J].河南科技大学学报（医学版），2017，35（1）：14—17.

[57] 马玉仙，蒋慧颖，周欢，等.武夷岩茶对高血糖大鼠的降糖作用［J］.福建农业学报，2018，33（01）：98—102.

[58] 马玉仙，蒋慧颖，曾文治，等.武夷岩茶对糖尿病大鼠肠道菌群的调节作用［J］.福建农林大学学报（自然科学版），2019，48（1）：22—27.

[59] 马玉仙.武夷岩茶降糖及其对肠道菌群的调节作用［D］.福建农林大学，2018.

[60] 马森.武夷岩茶茶多酚抑菌作用的研究［J］.畜牧兽医杂志，2012，31（1）：24—26.

[61] 李林，董良翰，周健民，等.武夷岩茶与食管癌关系的病例对照研究［J］.肿瘤研究与临床，2010，22（5）：323—325.

[62] 何靓，杨江帆，屠幼英.不同年份武夷水仙对肺癌细胞的影响［J］.茶叶，2015，41（4）：192—195.

[63] 马森，陈培珍，游玉琼，等.武夷岩茶抗疲劳抗氧化作用研究［J］.食品科学，2007（8）：484—486.

[64] 中华中医药学会.中医体质分类与判定［M］.北京：中国中医药出版社，2009.

[65] 王岳飞.茶文化与茶健康［M］.北京：旅游教育出版社，2014.

[66] 李建国.白茶新语［M］.北京：文化发展出版社，2018.

[67] 陈丹妮."三教同山，茶和天下"主题茶艺作品编创理论［J］.大众文艺，2016（22）：253—254.

后 记

钟灵毓秀的武夷山是乌龙茶的发源地，产自丹山碧水、岩壑坑涧的武夷岩茶更是以其岩骨花香闻名于世。近年来，武夷岩茶越来越受到消费者的喜爱，有不少爱好者特意来武夷山寻茶学茶。武夷学院中国乌龙茶产业协同创新中心中国乌龙茶"一带一路"文化构建与传播研究课题组借此机会，将武夷岩茶及其品质特征、武夷岩茶制作工艺、武夷岩茶审评与品鉴、武夷岩茶茶艺、武夷岩茶保健等方面的理论及实践进行梳理，通过大量图片及科学原理揭开武夷岩茶的神秘面纱，让更多的读者走进武夷岩茶、认识武夷岩茶、体验武夷岩茶。

本书付梓前，蒙福建农林大学孙云教授拨冗审稿并给予诸多良好的指导意见。本书由武夷学院茶与食品学院张渤院长策划主编，王芳共同主编，洪永聪、冯花、翁睿、潘一斌、林燕萍、卢莉、程曦、陈荣平共同编写完成。本书第一章由王芳、陈荣平编写，第二章由冯花、卢莉编写，第三章由张渤、洪永聪、王芳、林燕萍编写，第四章由翁睿、张渤编写，第五章由潘一斌、程曦、洪永聪编写，全书由张渤、王芳、洪永聪和冯花负责统稿。本书在写作过程中，得到陈荣冰、刘国英、刘宝顺等老师的指导，在此诚挚感谢！武夷山市御上茗茶叶研究所为本书提供封面配图，武夷山市丹苑名茶有限公司、武夷山香江茶业有限公司、武夷山岩上茶叶研究所、武夷星茶业有限公司为本书提供大量图片，陈百文、陈倩莲、张文婷等为本书提供图片和进行图表处理，在此一并致谢！

由于时间所限，且研究还有待深入，本书有诸多不尽如人意之处，期待在今后工作中不断提升和完善，不足之处敬请读者批评指正。

编者

图书在版编目(CIP)数据

武夷岩茶/张渤,王芳主编. —上海:复旦大学出版社,2020.11(2024.6重印)
(武夷研茶)
ISBN 978-7-309-15205-0

Ⅰ.①武…　Ⅱ.①张…②王…　Ⅲ.①武夷山-茶叶-介绍　Ⅳ.①TS272.5

中国版本图书馆 CIP 数据核字(2020)第 134242 号

武夷岩茶
张　渤　王　芳　主编
责任编辑/方毅超
装帧设计/杨雪婷

复旦大学出版社有限公司出版发行
上海市国权路 579 号　邮编:200433
网址:fupnet@ fudanpress. com　http://www.fudanpress.com
门市零售:86-21-65102580　团体订购:86-21-65104505
出版部电话:86-21-65642845
江阴市机关印刷服务有限公司

开本 787 毫米×960 毫米　1/16　印张 12.25　字数 168 千字
2024 年 6 月第 1 版第 4 次印刷

ISBN 978-7-309-15205-0/T·680
定价:68.00 元